ISSN 1020-6523

Rapports sur l'eau/Water Reports 16

TÉLÉDÉTECTION ET RESSOURCES EN EAU

REMOTE SENSING AND WATER RESOURCES

Actes de l'atelier international
tenu à Montpellier, France
du 30 novembre au 1er décembre 1995

Proceedings of the international workshop
held in Montpellier, France
from 30 November to 1 December 1995

ORGANISATION DES NATIONS UNIES POUR L'ALIMENTATION ET L'AGRICULTURE
FOOD AND AGRICULTURE ORGANIZATION OF THE UNITED NATIONS
Rome, 1997

M-54
ISBN 92-5-004070-9

Préface

A la suite d'une étude financée par la FAO et réalisée conjointement par le Comité interafricain d'études hydrauliques (CIEH), le Laboratoire commun de télédétection Cemagref-Engref et le Laboratoire d'hydrologie de l'Orstom, il a paru opportun de valoriser les approches liées à l'utilisation de la télédétection et des systèmes d'information géographique dans l'évaluation et la gestion des ressources en eau.

C'est dans cette optique qu'un atelier international a été organisé à Montpellier en décembre 1995. Son but était de faire le point sur les techniques et méthodes opérationnelles d'utilisation de la télédétection pour l'évaluation et la gestion des ressources en eaux. L'accent a été mis sur l'hydrologie de surface et sur des exemples d'application pratique de ces méthodes. L'atelier s'est intéressé tout particulièrement aux problèmes des pays arides et semi-arides en développement pour lesquels ces techniques peuvent représenter un atout important.

L'atelier a regroupé des experts venus de dix pays et des chercheurs et étudiants en hydrologie des Universités de Montpellier et Toulouse. Au total, l'atelier a compté une centaine de participants. Les conclusions présentées dans la synthèse ont pour objectifs de clarifier l'apport des techniques de télédétection pour l'évaluation et la gestion des ressources en eaux, d'identifier les contraintes et potentialités des méthodes existantes et de proposer des orientations pour la recherche et pour la diffusion des techniques.

Preface

This workshop originated from a study sponsored by FAO and executed jointly by the Comité interafricain d'études hydrauliques (CIEH), the Laboratoire commun de télédétection Cemagref-Engref (LCT) and Orstom (Institut français de recherche en coopération). The study investigated the potential use of remote sensing and geographic information systems in water resources assessment of small watersheds in semi-arid areas of West Africa.

This workshop was organized with the objective of reviewing the state of the art in the use of remote sensing for water resources assessment and management with special reference to operational techniques. Emphasis was placed on surface hydrology, with applications for arid and semi-arid areas in developing countries for which such techniques are believed to be of particular relevance.

The workshop gathered experts from ten countries, as well as researchers and students from Montpellier and Toulouse. In total, there were one hundred participants. The conclusions presented in the summary are intended to clarify the state of the art in application of remote sensing for water resources, to identify current constraints and potential of existing techniques and to suggest avenues for further research and more efficient technology transfer.

Remerciements

L'atelier international sur l'application de la télédétection dans le domaine des ressources en eaux a été organisé par le Cemagref et l'Orstom sur la base d'un financement de la Division de la mise en valeur des terres et des eaux de la FAO.

Un Comité technique et scientifique s'est chargé de la préparation de l'atelier, ainsi que de la révision des contributions et de la finalisation du présent document. Il était composé des personnes suivantes:

C. Puech, Laboratoire commun de télédétection Cemagref-Engref, Montpellier
J.M. Lamachère, Laboratoire d'hydrologie, Orstom, Montpellier
P. Pallas, Division de la mise en valeur des terres et des eaux, FAO, Rome
J.M. Faurès, Division de la mise en valeur des terres et des eaux, FAO, Rome
J. Finch, Institute of Hydrology, Wallingford, UK
J.M. Grésillon, Université de Bordeaux, France

C. Puech et J.M. Lamachère étaient également responsables de l'organisation de l'atelier. Ils sont ici remerciés pour les excellentes conditions dans lesquelles s'est déroulé l'atelier.

Acknowledgements

The International Workshop on Remote Sensing Applications in the Field of Water Resources was jointly organized by Cemagref and Orstom and financed by the Land and Water Development Division of FAO.

A technical and scientific committee was in charge of the preparation of the Workshop and of the revision of papers and finalization of the present publication.. It was composed as follows:

C. Puech, Laboratoire commun de télédétection Cemagref-Engref, Montpellier
J.M. Lamachère, Laboratoire d'hydrologie, Orstom, Montpellier
P. Pallas, Land and Water Development Division, FAO, Rome
J.M. Faurès, Land and Water Development Division, FAO, Rome
J. Finch, Institute of Hydrology, Wallingford, UK
J.M. Grésillon, Université de Bordeaux, France

C. Puech and J.M. Lamachère were also in charge of the overall organization of the Workshop. Thanks are due to them for the excellent conditions under which the Workshop took place.

Table des matières

Table of contents

	page
PRÉFACE/PREFACE	iii
RÉMERCIEMENTS/ACKNOWLEDGEMENTS	iv
SYNTHÈSE DE L'ATELIER	1
SUMMARY OF THE WORKSHOP	15
RÉSUMÉS DES COMMUNICATIONS/ABSTRACTS OF PRESENTED PAPERS	27
SESSION 1 TÉLÉDÉTECTION ET MODÉLISATION HYDROLOGIQUE REMOTE SENSING AND HYDROLOGIC MODELLING	27
Les observations au sol *Jean-Marie Lamachère et Christian Puech*	29
Cartographie des états de surface *Jean-Marie Lamachère et Christian Puech*	31
Modélisation hydrologique *Jean-Marie Lamachère et Christian Puech*	33
SESSION 2 GESTION DES RESSOURCES EN EAU/WATER MANAGEMENT	35
APPROCHE RÉGIONALE/REGIONAL APPROACH	37
Gestion intégrée des zones humides en milieu tropical *Marc Lointier*	39
Evaluation régionale des ressources en eau au moyen d'un système d'information géographique : le cas du bassin du Niger *Jean-Marc Faurès*	41
Assessment of irrigation potential in Africa *Mathieu Bousquet, Jean-Marc Faurès, Karen Frenken and Luc Verelst*	42
Evaluation des ressources en eau dans le socle par l'étude des fractures à l'aide des données Landsat (bassin d'Odienné, Côte d'Ivoire) *Issiaka Savane, Béniè Goze et Jean Biemi*	43
La télédétection comme moyen d'appui à la planification des ressources en eau (cas du Sud-Ouest du Burkina Faso) *Karim Traoré*	45
Unités de paysage pour l'hydrologie au Nord du Mexique *Jean-Yves Loyer, Stéphanie Moriaud et Luc Descroix*	47

page

APPROCHE LOCALE/LOCAL APPROACH 49

De l'aérien au satellite : estimation des ressources en eau *Christian Puech et Joël Carette* 51

Assessing water harvesting suitability *Eric Patrick* 53

De la télédétection à la gestion d'un cadastre irrigation dans la vallée du fleuve Sénégal *A. Killmayer* 55

Positionnement, productivité et gestion des forages en milieu fissuré de Côte d'Ivoire par télédétection et système d'information géographique *J. Biemi J.P.Jourda, S. Deslandes et H. Gwyn* 57

Apport de la télédétection dans la mobilisation des ressources en eaux de surface et la gestion du secteur irrigué *Lamine Aouni* 59

SESSION 3 MODÉLISATION HYDROLOGIQUE ET DÉTERMINATION DE PARAMÈTRES HYDROLOGICAL MODELLING AND DETERMINATION OF PARAMETERS 61

CARACTÉRISTIQUES HYDROLOGIQUES DES SOLS SOIL HYDROLOGICAL CHARACTERISTICS 63

Description et cartographie des états de surface d'un petit bassin versant soudano-sahélien *François Guillet* 65

Hydrological analysis of two sub-catchments of the Mareb River (Eritrea) *Roberto Colombo and P. Sarfatti* 66

Rôle de la télédétection dans l'évaluation et la cartographie des épandages artificiels des crues dans les hautes steppes tunisiennes *Abdelkarim Daoud et Jean Trautmann* 67

Apports des modèles numériques de terrain à la modelisation hydrologique *M. Bergaoui et H. Camus* 68

Apport de la télédétection à l'étude des zones contributives aux écoulements *Pascal Vine* 69

BILAN HYDRIQUE/WATER BALANCE 71

Models for determining evapotranspiration *E. Hurtado, M.M. Artiago and V. Caselles* 73

Reconstitution de chroniques de données hydrologiques anciennes par télédétection *Abdou Ousmane* 74

Estimation of real evapotranspiration *A. Chehbouni, J. Qi, D. Lo Seen, Y.H. Kerr, G. Dedieu, S. Moran, M. Daubas and B.M. Monteny* 75

Télédétection et prévision des crues : l'exemple du fleuve Gambie *Soussou Sambou et Jean-Pierre Lamagat* 76

Estimation des crues des petits bassins africains : réflexion sur l'utilisation de la télédétection *J.M. Grésillon* 77 page

Télédétection et modélisation hydrologique : quelle vision, quelle échelle, quels processus ? *Christian Puech* 78

Télédétection spatiale et modélisation du fonctionnement hydrologique des petits bassins versants. I. Problématique de la modélisation *Philippe Gineste* 79

Télédétection spatiale et modélisation du fonctionnement hydrologique des petits bassins versants. II. Etat de l'art du couplage et perspectives des hyperfréquences *Philippe Gineste* 80

Modélisation hydrologique de petits bassins versants ruraux sahéliens : apport de la télédétection et des systèmes d'information géographiques pour la détermination des paramètres *A. Nonguierma et S. Dautrebande* 81

Application du modèle GRASS/ANSWERS à la modélisation hydrologique d'un petit bassin versant d'Afrique de l'Ouest *Pascal Perez, Damien Urvoix et Michel Arnaud* 82

MHM : le modèls hydrologique maillé *A. El Idrissi et E. Persoons* 83

ANNEXE 1 PROGRAMME 85

ANNEXE 2 LISTE DES PARTICIPANTS/LIST OF PARTICIPANTS 89

Afin de contenir le volume de la publication dans des limites acceptables, seuls les résumés des communications y sont présentés. Ces communications sont disponibles dans leur intégralité dans le CD-ROM qui accompagne la publication.

In order to maintain the size of the publication within acceptable limits, only the abstracts of the presentations have been presented. The full texts of the presentations are available on the CD-ROM which accompanies the publication.

Abréviations et acronymes
Abbreviations and acronyms

ANSWERS :	Areal Nonpoint Source Watershed Environmental Response Simulation
CEMAGREF	Institut de recherche pour l'ingéniérie de l'agriculture et de l'environnement (ancien Centre national du machinisme agricole, du génie rural, des eaux et forêts)
CIEH	Comité interafricain d'études hydrauliques
DEM:	Digital Elevation Model (also known as DTM: Digital Terrain Model)
DEMIURGE:	Digital Elevation Model In URGEncy (ORSTOM)
ERS :	European Remote Sensing Satellite
ETo :	Evapotranspiration potentielle
ETR :	Evapotranspiration réelle
GHM :	Grid Hydrological Model
GIS:	Geographic information system
GRASS :	Geographical Resources Analysis Support System
LANDSAT-TM:	ERTS (Earth Resources Technology Satellites) renamed in LANDSAT in 1975; TM, Thematic Mapper Sensor
LCT	Laboratoire commun de télédétection CEMAGREF-ENGREF
MHM :	Modele hydrologique maillé
MNT :	Modèle numérique de terrain -
NOAA :	National Oceanographic and Atmospheric Administration
ORSTOM:	L'institut francais de recherche scientifique pour le developpement en cooperation
SIG :	Système d'information géographique
SPOT	Satellite pour l'observation de la terre
TOPMODEL :	Topographic Model
USDA-SCS	United States Department of Agriculture - Soil Conservation Service.

Synthèse de l'atelier

INTRODUCTION

L'objectif de l'atelier était de faire le point sur l'utilisation de l'information spatiale pour la gestion des ressources en eau dans les pays en développement arides et semi-arides. Les communications présentées dans ce recueil ne prétendent pas traiter de manière exhaustive tous les thèmes associant la gestion des ressources en eau dans les pays en développement et l'utilisation des outils de traitement de l'information spatiale. Cependant, la richesse et l'éventail de ces communications montrent bien, dans ces pays, l'intérêt suscité par les applications hydrologiques associées aux nouvelles technologies de traitement de l'information géographique.

Les communications et débats de cet atelier ont porté essentiellement sur l'utilisation des données spatiales proposées par la télédétection satellitaire (basse résolution NOAA, haute résolution SPOT et LANDSAT), les photos aériennes et les modèles numériques de terrain (MNT). Les systèmes d'information géographique (SIG) ont également fait l'objet de communications soit pour des utilisations spécifiques, soit comme base de travail pour l'analyse des données issues de la télédétection. Les SIG sont utilisés pour la gestion d'informations spatiales, mais aussi pour l'aide à la compréhension et à la décision à travers des opérations simples (mélange de données, fusion, intersection de plans) ou complexes (modélisations hydrologiques).

Le partage par objectifs recoupe sensiblement les grandes lignes du programme de l'atelier et correspond aux deux thèmes majeurs:

- objectifs de connaissance globale ou locale de la surface de la terre pour une meilleure gestion des ressources en eau, ce que l'on peut aussi présenter comme un souci de décrire pour mieux gérer, notamment à court terme

- objectifs de modélisation, de compréhension et d'analyse des phénomènes hydrologiques, à savoir décrire pour comprendre et prévoir: quantifier, schématiser, valider.

Ces deux grands axes sont discutés ci-dessous. Les limites actuelles et améliorations possibles évoquées dans les différentes communications et au cours des débats sont également présentées. Le tableau montre la répartition des communications en fonction de ces deux thèmes.

Thèmes	Nombre de communications
Gestion des ressources en eau	
• approche régionale	8
• approche locale	6
Modélisation hydrologique	
• Caractéristiques hydrologiques des sols	8
• Bilan hydrique: l'évapotranspiration	4
• Modèles hydrologiques d'écoulement superficiel	7
Total pour l'atelier	33

THÈME 1: GESTION DES RESSOURCES EN EAU

Un premier groupe de communications a porté sur les applications de la télédétection et des SIG à une échelle régionale ou locale et a montré des exemples d'application de ces techniques dans un cadre opérationnel. Les exemples montrent une grande diversité de possibilités: connaissances globales (à l'échelon du continent africain), appui à la décision et à la préparation de schémas directeurs, suivi régulier de grandes zones d'étude, ou au contraire informations sur des zones restreintes pour lesquelles ces techniques apparaissent comme une option fiable et reproductible.

L'analyse des diverses communications révèle un certain nombre d'objectifs assignés à la télédétection et aux SIG, que l'on peut classer ainsi:

Cartographie (caractérisation qualitative ou quantitative):

- limites entre zones (outil de segmentation de l'espace),
- liaisons entre zones,
- éléments linéaires (drains, fractures) ou objets surfaciques,
- éléments caractéristiques stables dans le temps (relief, occupation du sol), ou variables (végétation saisonnière, humidité température, ETo).

Connaissance nouvelle et suivi:

- connaissance rapide: cartographie en relation avec les risques naturels,
- changement de point de vue pour la description de l'espace: passage d'une information ponctuelle à une information régionalisée,
- connaissance objective et synoptique : observations uniformes sur un vaste territoire,
- intérêt majeur en zones dépourvues de cartes de base détaillées,
- suivi de phénomènes évolutifs et des changements.

Régionalisation:

- calcul de bilan régional ou global,
- extrapolation de résultats locaux.

Planification et gestion:

- inventaires, aide à l'établissement de schémas directeurs,
- archive (mémoire des événements) et constitution de chroniques
- gestion de grands ensembles, gestion des conflits.

Approche régionale: description et gestion globale de grands espaces

La description des grands ensembles intéresse trois niveaux d'information (Lointier):

- la cartographie précise des limites et une segmentation du paysage en zones homogènes. C'est l'utilisation classique des images de télédétection pour une détermination des objets ayant une signification hydrologique;

- la cartographie qualitative sur les relations d'échange d'eaux superficielles et souterraines entre zones. C'est le niveau de caractérisation des objets par leurs relations de voisinage, leurs dispositions relatives et leurs liens thématiques;
- la cartographie événementielle des réponses du milieu à des événements particuliers, donc une problématique de suivi.

Une communication (Aouni) présente l'interprétation analogique d'images LANDSAT puis le traitement d'images sur SPOT comme outil d'inventaire cartographique de ressources en eau de surface en Tunisie: plans d'eau, barrages, réseau hydrographique, limites des bassins versants, zones humides, ressources agricoles. Dans les zones tropicales humides, pour pallier la présence continuelle de nuages, l'utilisation d'images Radar semble préférable, malgré les informations relativement pauvres contenues dans une seule image. Cette solution s'enrichit par des méthodes temporelles.

L'intérêt des images satellite peut être mesuré par une compétition entre l'apport fourni par les images et l'ensemble des autres documents disponibles. Dans le cas de zones tropicales aux cartes incertaines et peu précises, les données satellitaires, même de faible précision, atteignent vite un niveau d'intérêt suffisant pour dépasser celui des données existantes. Dans le contexte de zones aux contours flous et variables (par exemple en zones tropicales humides), on note la difficulté de classification et la nécessité absolue d'une bonne campagne de mesures de terrain (Lointier).

L'utilisation des SIG pour la description d'une information régionale en vue d'une meilleure connaissance et d'une meilleure gestion (y compris des conflits en cas de ressources limitées) a également fait l'objet de plusieurs communications (Bousquet *et al.*, Faurès, Killmayer). Sont présentés notamment:

- l'utilisation de données issues de la télédétection ou de données élaborées issues de croisements de plans multiples au sein d'un SIG,
- la relation entre unités hydrologiques et unités territoriales (division administrative ou politique du territoire), et les échanges hydrauliques entre unités territoriales,
- l'intégration dans un SIG de données issues de sources diverses, y compris les données de télédétection. Une application pratique est montrée pour le Sénégal (Killmayer). Elle concerne la mise à jour de la cartographie de casiers rizicoles dans un objectif de suivi à grande échelle des cultures et des aménagements. L'approche est simple, opérationnelle, et propose une méthodologie désormais classique en télédétection: classification et intégration dans un SIG pour le suivi annuel des cultures. Ce qui est montré peut être considéré comme une première étape d'une gestion des ressources en eau, par la mise au point d'un système de suivi et de connaissance annuelle des cultures rizicoles. Dans ce cas précis, la télédétection ne représente que 10% du coût total de la prestation globale ce qui la rend facile à intégrer dans le projet.

Approche locale

Plusieurs applications pratiques au niveau local ont fait l'objet d'une communication:

La détection des plans d'eau

La détection d'un plan d'eau sur une image satellitaire optique (SPOT, Landsat) est une des applications les plus aisées en télédétection: la radiométrie très faible de l'eau libre, en particulier dans le proche infrarouge, lui confère une séparabilité marquée par rapport aux autres thèmes de l'image. Une communication (Ousmane) montre un exemple de cette détection en zones de mauvaise connaissance cartographique avec deux idées fortes:

- la télédétection peut être un outil puissant à condition de l'utiliser conjointement aux autres données topographiques locales et connaissances hydrologiques: dans l'exemple décrit, le mélange d'informations de télédétection (images SPOT), climatologie (réseau au sol), et de connaissance du relief de la zone donne une méthode simple et opérationnelle pour calculer les cubatures de plans d'eau;
- la télédétection peut être utilisée comme mémoire permettant de reconstituer des chroniques d'événements. C'est un objectif original qui devrait prendre plus d'intérêt avec l'allongement des chroniques d'images disponibles (pour les images passées) et la possibilité pour l'utilisateur de commander la prise de vue dans des délais relativement courts (pour les images à venir).

La détection des fractures et leur intérêt hydrogéologique

Deux communications montrent la recherche de linéaments sur les images, comme révélateur de fractures géologiques, donc de potentialité d'exploitation des eaux souterraines. Deux aspects sont abordés:

- un aspect de cartographie des linéaments par images LANDSAT pour une thématique géologique (fractures) et hydrogéologique (implantation des forages). La méthode est classique en zone de socle à partir de photographies aériennes mais l'utilisation d'images satellitaires numériques est relativement nouvelle. Le traitement numérique des images permet d'utiliser la puissance des algorithmes de recherche des linéaments et évite, au moins partiellement, le caractère subjectif de la photo-interprétation;
- un aspect d'analyse: étude des fréquences et des liens entre forages et fractures par l'analyse de la productivité des forages en fonction de leurs distances aux fractures (par SIG) et de la direction des fractures. La détection des accidents tectoniques les plus productifs permet de guider ultérieurement le choix des nouveaux emplacements de forage. Ce point est tout à fait intéressant car il montre comment ces analyses, utilisant des SIG, permettent une utilisation pratique des résultats pour l'alimentation en eau des populations en augmentant significativement les chances de succès dans la recherche des forages à gros débit.

La délimitation des bassins versants

L'utilisation des modèles numériques de terrain (MNT) pour la caractérisation hydrologique des bassins versants prend actuellement beaucoup d'importance du fait de la facilité récente d'obtenir des MNT à coût raisonnable et avec des caractéristiques de précision correspondant aux cartes topographiques actuellement disponibles. La majorité des applications hydrologiques de ces MNT concerne le domaine des algorithmes de calcul, notamment pour la caractérisation des réseaux hydrologiques, des limites des bassins versants, des pentes, etc. Ce domaine algorithmique est à la fois valorisant et d'approche relativement aisée, d'où la multiplication des logiciels de ce type. Une communication (Bergaoui et Camus) montre l'utilisation du logiciel DEMIURGE élaboré à l'ORSTOM pour une caractérisation des potentialités d'érosion et la modélisation hydrologique en Tunisie. Le MNT sert à définir les pentes, le réseau hydrographique et les indices de Beven. Dans le cas de bassins petits et plats, cependant, les diverses communications traitant du sujet s'accordent à dire qu'il est difficile d'extraire correctement le contour du bassin versant et le réseau hydrographique à partir du MNT.

L'importance d'adapter le capteur aux objectifs

Un exposé (Puech et Carette), qui montre des résultats obtenus à partir de capteurs multiples pour des études locales en Afrique, est illustré par trois exemples: photo aérienne amateur, utilisation des photographies aériennes classiques et images satellite SPOT. L'important est d'avoir une bonne adéquation entre l'objectif de l'application, l'échelle de travail et le capteur: éviter de privilégier l'outil par rapport à la thématique et éviter l'acharnement numérique sur les images si elles ne contiennent pas l'information nécessaire. Le facteur coût doit également être intégré dans le choix du capteur utilisé. Les photographies aériennes et les images satellite sont en général des sources d'informations complémentaires à utiliser avec discernement.

La télédétection et la gestion de l'espace rural

Une communication (Patrick) propose d'intégrer les connaissances sur l'environnement à partir de deux sources complémentaires: la télédétection et la connaissance indigène détenue par les populations locales. La télédétection donne une vision à un instant donné, tandis que les populations locales intègrent une connaissance du terrain sur plusieurs années. La communication propose d'intégrer la connaissance indigène dans un système expert. Cette méthodologie, originale car elle essaye de combiner les informations globales avec les connaissances des populations, doit encore être testée avant que l'on puisse juger de sa faisabilité.

THÈME 2: MODÉLISATION HYDROLOGIQUE ET DÉTERMINATION DES PARAMÈTRES

Dans cette section, deux étapes fondamentales peuvent être distinguées: une phase de description et de cartographie, suivie d'une phase de modélisation. Dans l'ensemble des communications les objectifs décrits sont les suivants:

Phase de description et de cartographie

- détermination des caractéristiques hydriques des sols: cartographie quantitative de paramètres peu variables dans le temps (types de sol, végétation, cultures, états de surface et indices de ruissellement);
- détermination d'éléments du bilan hydrique: cartographie quantitative de paramètres variables dans le temps (humidité, évapotranspiration, température);
- segmentation objective de l'espace en unités hydrologiques.

Phase de modélisation hydrologique et de compréhension

- obtention d'information spatialement distribuée et utilisation comme support de modélisation;
- analyse des liens entre environnement et fonctionnement: recherche des mécanismes descriptifs du fonctionnement de l'environnement,

- analyse fine des comportements hydrologiques: intérêt nouveau pour le fonctionnement hydrologique interne au bassin versant.

Phase de description et cartographie

Caractéristiques hydrologiques des sols

Plusieurs communications décrivent les travaux réalisés dans le cadre du projet FAO pour l'estimation des débits en zone sahélienne, et notamment les essais effectués dans le cadre de l'utilisation de la télédétection pour une meilleure estimation des débits des petits bassins versants ainsi que les travaux de cartographie des états de surface au Sahel (Lamachère et Puech). Ces travaux partent de l'hypothèse que la région sahélienne est *a priori* favorable à la mise au point d'outils issus de la télédétection pour la compréhension de la genèse des débits du fait de particularités multiples: absence de cartes de base précises, faible relief, saisons tranchées, ruissellement de surface prépondérant. Plusieurs essais de liaison entre télédétection et hydrologie ont été effectués dans cette zone depuis 1985. La méthode décrite au cours de l'atelier est basée sur les principes suivants:

- une connaissance hydrologique élémentaire donnée par les états de surface type du Sahel, d'après une synthèse de mesures sur l'appareil simulateur de pluie (cases de 1 m^2);
- une cartographie de ces états de surface à partir d'images satellitaires (LANDSAT TM) et de données de terrain spécifiques;
- une validation hydrologique à l'aide d'observations de terrain sur un ensemble de petits bassins versants sahéliens.

Les résultats permettent une cartographie raisonnable des potentialités de ruissellement, c'est-à-dire des ruissellements élémentaires à attendre de chaque pixel. Cette cartographie est un atout sérieux pour la comparaison des bassins versants et la hiérarchisation éventuelle des ruissellements élémentaires en termes d'écoulements globaux. Cependant, pour quantifier les écoulements à l'exutoire d'un bassin versant, la carte des potentiels de ruissellement ne suffit pas et le transfert des ruissellements de l'amont vers l'aval ainsi que la modélisation des écoulements dans les cours d'eau posent encore des problèmes qui sont loin d'être résolus. Pour utiliser la carte des potentialités de ruissellement à l'échelle des bassins versants, il est en effet nécessaire dans l'état actuel des recherches d'utiliser une fonction de calage. Les paramètres de cette fonction de calage ont été estimés et peuvent être utilisés pour le calcul des crues de fréquence décennale sur les petits bassins versants d'Afrique de l'Ouest.

Une communication présente l'utilisation du modèle pluie-débit mis au point par le Service de conservation des sols du Département de l'agriculture des Etats-Unis (USDA-SCS) à travers des nombres guides (CN: runoff curve number) pour définir les conditions d'écoulement (Colombo et Sarfatti). C'est la méthode la plus classique et la plus simple d'utilisation de la télédétection pour l'estimation des conditions d'écoulement. Cette méthode, mise au point aux Etats-Unis, est testée ici en Erythrée pour l'estimation des débits de crue puis les écoulements annuels. La démarche est simple, séduisante et très adaptée aux possibilités de la télédétection. Elle comporte deux phases: une phase de segmentation de l'image basée sur la télédétection et une phase d'attribution d'un paramètre global de comportement hydrodynamique (coefficient de production) utilisé ensuite au prorata de l'occupation du sol. L'extrapolation des méthodes de calcul pose le problème du choix des coefficients CN dans la mesure où ces coefficients sont utilisés dans un contexte différent de celui dans lequel ils ont été établis initialement.

Une autre communication s'insère dans cette même problématique d'une réponse hydrologique par unités de paysage considérées comme homogènes du point de vue hydrologique (Viné). La phase de segmentation de l'espace fait référence à des "hydro-paysages", et insiste sur les hypothèses des modèles et du choix de la segmentation. L'espace est découpé en unités de paysage regroupées selon un nombre limité de catégories d'occupation du sol. Ces catégories sont définies à partir de l'image. Le choix des catégories repose sur l'hypothèse d'une contribution hydrologique spécifique à chacune. En mettant en relation des réponses hydrologiques globales sur plusieurs petits bassins versants (aux pas de temps annuel, trimestriel et mensuel) avec les différentes catégories d'occupation du sol, la réponse unitaire de chaque catégorie est retrouvée par un schéma de déconvolution numérique, selon une technique désagrégative. Cette méthode d'analyse originale semble adaptée à la valorisation de la télédétection pour fournir une valeur globalisée de la réponse hydrologique par unité de paysage.

Toutes ces approches mettent l'accent sur les utilisations de la télédétection comme outil de segmentation de l'espace et sur l'utilisation de cette segmentation de l'espace comme phase initiale à la modélisation permise par les outils spatiaux tels que la télédétection, les SIG et les MNT.

Cartographie de paramètres variables dans le temps (bilan hydrique)

La télédétection est également présentée comme outil de cartographie de paramètres variables dans le temps (température, humidité) difficilement obtenus à partie des réseaux habituels de mesures ponctuelles. Cet aspect est particulièrement intéressant dans la mesure où il pose le problème du changement de vision par lequel on passe des mesures ponctuelles à des informations surfaciques élémentaires.

Deux communications écrites (Hurtado Santi *et al.*, Chehbouni *et al.*) partent d'une cartographie infrarouge thermique et montrent l'utilisation de modèles théoriques dans les bilans d'échanges pour approcher l'évapotranspiration réelle (ETR) en utilisant la différence entre température radiative et aérodynamique. Les travaux sont appliqués à des régions semi-arides de l'Arizona, du Sahel et du centre de l'Espagne. La télédétection y est décrite comme instrument de spatialisation de l'information, le but de l'opération étant ici de produire des cartes d'ETR au niveau régional.

Enfin, une communication (Gineste) présente la contribution des données radar ERS à l'estimation de l'humidité du sol sur un petit bassin versant en France. Les résultats ne permettent pas de dresser des cartes d'humidité du sol car la calibration des images reste un problème majeur. Par contre ils permettent d'obtenir une vision relative de la dynamique et de la distribution spatiale de l'humidité sur le bassin versant. L'intérêt d'une telle approche réside donc surtout dans une visualisation des variations spatiales et temporelles d'humidité de surface définies par les modèles hydrologiques. Ces résultats peuvent être utilisés comme outils de validation de ces modèles.

Segmentation objective de l'espace - référence à la notion de zones hydrologiquement homogènes

La modélisation des écoulements ou la simple compréhension de l'environnement hydrologique fait une référence quasi systématique à l'utilisation de données spatiales comme outil de segmentation en zones homogènes. Même si ce recours n'est pas toujours exprimé comme tel, il est cependant présent dans la plupart des communications.

La télédétection et les SIG apparaissent comme l'outil par excellence pour segmenter l'espace. Pratiquement toutes les communications qui parlent d'utilisation de l'occupation du sol intègrent cette étape de segmentation. Certaines se contentent de présenter la méthode de segmentation et les résultats cartographiques sans passer à la phase de modélisation, lien avec le fonctionnement environnemental étudié.

D'autres communications proposent des réflexions sur le choix et la signification des zones homogènes: ces zones, homogènes sur les images (selon un aspect de vision), doivent aussi correspondre à des fonctionnements semblables vis-à-vis du thème étudié. Or on constate (Viné) que l'homogénéité visuelle n'est pas le garant d'une homogénéité de comportement.

Les données segmentées peuvent ensuite être introduites dans une modélisation qui est généralement l'objectif final: la segmentation de l'espace n'est souvent que l'étape initiale des applications de la modélisation.

Phase de modélisation hydrologique

Dans l'approche spatiale de la modélisation des écoulements, la séparation en deux phases apparaît donc nettement: segmentation de l'espace puis modélisation proprement dite. Au-delà de la mise en oeuvre de ces deux phases fondamentales, certaines communications se sont penchées sur leur construction elle-même, présentant ainsi un caractère de recherche et de mise au point méthodologique. Segmentation de l'espace et modélisation distribuée posent en effet des problèmes aigus de validité et de signification, car elles manipulent des plans multiples, ce qui se révèle à la fois excessivement aisé du point de vue informatique et excessivement incertain du point de vue de la signification et de la cohérence des résultats.

Modélisations hors SIG

Il s'agit de calculs hors de tout environnement SIG mais pour lequel les données de base sont spatiales. Quelques résultats ont été montrés et décrits plus haut: les applications les plus efficaces sont les plus simples et les plus classiques: modèles de bilan hydrologique ou modèles SCS (Soil Conservation Service USDA) où à chaque occupation du sol est associé un coefficient d'écoulement.

Deux communications (Nonguierma et Dautrebande, Colombo et Sarfatti) présentent l'application de modèles simples de type SCS. La télédétection sert pour la segmentation en zones homogènes: une évaluation du CN par zones est proposée, basée sur l'occupation moyenne du sol, la quantification de l'écoulement étant au prorata de chaque zone homogène.

Une autre communication (El Idrissi et Persoons) utilise un schéma conceptuel simple (linéarité, permanence durant une averse des fonctions de production et de transfert) et efficace pour simuler les hydrogrammes de crues exceptionnelles pour le dimensionnement d'ouvrages d'art: l'organisation du modèle distribué (MHM) permet un calcul accéléré par rapport aux modèles distribués classiques car il utilise des classes de pixels en position isochrone par rapport à l'exutoire. Son application consiste en scénarios testant l'influence de l'évolution de caractéristiques physiques des bassins sur la modification du régime des crues.

On pourra noter aussi la référence à la modélisation TOPMODEL sur la base de la connaissance spatiale du relief (Gineste). Il s'agit d'un modèle conceptuel simplifié de nappe aquifère qui propose, pour le calcul des crues, une transformation pluie-débit basée sur la notion d'aires contributives variables (au cours de l'averse). Ces aires sont repérables par leur indice de saturation qui est fonction de la pente et de la superficie drainée à l'amont du point considéré. A partir d'un modèle numérique de terrain (MNT), on peut cartographier cet indice puis calculer sa distribution qui entre ensuite directement dans la modélisation. L'accès de plus en plus aisé aux MNT encourage l'utilisation de ce type de modèle, et valorise la prise en compte du relief dans les modélisations hydrologiques. En raison des hypothèses sur les processus élémentaires d'écoulement, son application est *a priori* restreinte aux zones humides ou tempérées.

Modélisations sous SIG

Des exemples de modélisations à base de données spatiales gérées au moyen de SIG sont montrés en termes simples (modèle de bilan hydrique régional construit avec un SIG à l'échelle continentale, Bousquet *et al.*) ou plus complexes (modélisations incluant des fonctions de transfert et de production, Faurès). Une communication (Perez *et al.*) présente le test d'un outil de modélisation distribué événementiel, le modèle ANSWERS qui travaille sous environnement GRASS (logiciel de SIG en mode image pour définir l'écoulement et l'érosion dans un bassin agricole. Le modèle nécessite la connaissance initiale de nombreux paramètres, dont plusieurs obtenus à partir des informations recueillies sur le terrain ou des images de télédétection, quelques paramètres étant obtenus par calage. L'application est simplifiée par l'utilisation directe d'un certain nombre de plans d'informations (relief, occupation du sol) dans la modélisation.

Dans le cas de mélange de plans issus d'un SIG se posent des problèmes de signification des résultats cartographiques obtenus, en particulier à propos des limites entre zones homogènes. Ce problème a été soulevé par les participants au séminaire: à la jonction des zones, les variations peuvent apparaître artificiellement brutales, alors qu'elles sont normalement progressives dans la réalité.

Bien que de nombreuses questions liées à la précision, à la validation et à la signification des traitements cartographiques sous SIG restent à résoudre, les résultats obtenus sont généralement plus précis, plus exhaustifs et plus aisés à exploiter que la simple compilation de mesures ponctuelles non systématiques. Même si des difficultés de fond subsistent, l'utilisation des SIG constitue une option intéressante pour l'extension, l'interpolation et l'extrapolation des observations ou pour le croisement de plans d'information de nature différente.

Conclusions

Modélisation hydrologique

Au-delà des résultats proprement dits, certaines communications ouvrent une base de réflexion sur des questions plus fondamentales et se penchent sur le lien entre modèles hydrologiques et données spatiales. L'analyse des écarts des modèles aux observations en zone sahélienne met en évidence la faible précision de ces dernières. Les outils spatiaux permettent de mieux prendre en compte les disparités locales. En particulier, la télédétection au sens large peut être utilisée comme une source explicative des écarts entre bassins versants à travers des représentations de l'occupation du sol ou du drainage. Elle permet d'étudier les bassins versants dans leurs détails. Toutefois, la plupart des modélisations hydrologiques utilisant la télédétection supposent l'invariance et la linéarité des processus, ce qui est loin d'être admis.

La télédétection est présentée comme outil de validation d'hypothèses. Les images radar, par exemple, peuvent aider à valider ou invalider les hypothèses sur la dynamique de l'humidité dans le bassin versant. Les comportements internes au bassin versant peuvent être expliqués par deux éléments spatiaux: la morphologie (d'où l'intérêt de l'utilisation des MNT en modélisation) et l'occupation du sol (d'où l'intérêt de la télédétection). De nombreux modèles utilisant soit l'un soit l'autre de ces outils ont été développés à différentes échelles.

Le lien entre paramètres descripteurs de l'espace et indicateurs hydrologiques est également un sujet d'importance. Il montre la difficulté d'association entre des objets visuels disponibles dans l'image et des objets requis par l'hydrologie car leur liaison est soumise à des exigences d'échelle: la description des processus hydrologiques change avec l'échelle. Ainsi, le choix des objets hydrologiques (zones homogènes) ne saurait être unique. Leur taille dépend des objectifs de l'étude et doit reposer sur un compromis entre la prise en compte des phénomènes physiques à la base de la compréhension des processus hydrologiques et les données de terrain disponibles pour le calage des modèles.

Dans le contexte sahélien, chaque échelle doit avoir son approche particulière. La cartographie des potentialités d'écoulement est possible à l'échelle du pixel en zones d'écoulement superficiel prépondérant (c'est le cas du Sahel) et permet une bonne comparaison des bassins versants entre eux. Mais en raison de la non linéarité des processus hydrologiques et de la difficulté relative à leur représentation à différentes échelles, le débit à l'exutoire d'un bassin versant ne peut être obtenu par simple sommation des ruissellements élémentaires obtenus sur les pixels: il faut alors travailler sur des objets hydrologiques de plus grande taille pour lesquels les mesures de ruissellement n'existent pas.

Les données issues de la télédétection et des MNT procurent désormais des descriptions spatiales presque continues, ce qui permet de s'intéresser à la variabilité interne au bassin versant et donc d'utiliser des modèles distribués pour simuler son fonctionnement hydrologique. Cependant, ceci met en évidence les difficultés de mise en oeuvre de ces modèles distribués: la connaissance actuelle des processus internes au bassin versant est insuffisamment développée pour que les données issues de la télédétection et les MNT puissent être pris en compte de façon véritablement utile. En effet, l'hydrologie dont le développement est antérieur à celui des technologies de collecte et d'analyse de l'information spatiale est maintenant mal adaptée à l'utilisation optimale des potentialités que représentent la télédétection et les SIG. Les méthodes empiriques développées pour l'estimation des débits de crues et des apports annuels utilisent à peine, et généralement sous une forme statistique, l'information spatialement distribuée. Un important travail de mise au point de nouvelles méthodes hydrologiques devrait être entrepris si l'on veut espérer pouvoir utiliser de la meilleure façon possible l'information géoréférencée.

Parallèlement se pose le problème du choix du modèle: modèle physique alimenté par les données spatiales, au calage difficile et donc fondamentalement instable, ou modèle conceptuel paramétrique avec calage plus aisé mais une difficulté plus grande d'expliquer le sens physique de ces paramètres.

Dans tout ce qui précède, des résultats positifs, plutôt encourageants, ont été présentés. Cependant, les techniques spatiales révèlent aussi un certain nombre de blocages, voire d'échecs. L'analyse de ces échecs est souvent très riche en enseignements. Elle alimente la réflexion et permet de mieux identifier les raisons de ces blocages. Les diverses communications et discussions ont ainsi évoqué plusieurs raisons qui peuvent être à la base de ces difficultés:

Des raisons techniques:

- vision limitée aux couches supérieures du terrain.

Des raisons liées à l'utilisation inadaptée des outils:

- désir de mettre au point des outils universels qui butte contre l'impossibilité de modéliser correctement les phénomènes naturels dans leur variabilité géographique;
- sous-estimation du rôle de la validation et des mesures de terrain;
- utilisation d'une technique en substitution d'une autre sans rechercher la complémentarité.

Des raisons de limitation méthodologique:

- développement rapide de l'informatique, associé à une avancée plus lente des méthodologies et des réflexions thématiques;
- approche surfacique qui correspond à des schémas de pensée nouveaux auxquels ne sont pas adaptées les méthodes traditionnelles de calcul;
- problèmes d'échelle et changement d'échelle aux conséquences mal gérées: sensibilité extrême des indicateurs aux échelles spatiales et temporelles, mélange abusif de documents d'échelles multiples;
- mauvais choix des indicateurs dits utiles.

Résultats opérationnels

Les diverses communications de l'atelier présentent d'une part des résultats opérationnels et d'autre part des réflexions générales sur les méthodes de traitement de l'information spatiale dans l'étude et la gestion des ressources en eau. Parmi les résultats opérationnels, on trouve essentiellement des applications cartographiques simples, la télédétection et les MNT procurant des informations cartographiques nouvelles, pertinentes et de qualité mesurable. On en déduit des possibilités énormes en terme de connaissance de l'environnement et de quantification surfacique de paramètres spécifiques. Beaucoup d'espoirs se portent également vers l'utilisation des SIG pour la gestion intégrée des nombreuses données spatiales. Par contre, les modélisations qui leur sont associées en sont encore au stade de la recherche.

L'opérationnalité des démarches est de ce fait très variable et peut être jugée à travers une grille de critères tels que:

- la région de travail (valorisation d'autant plus aisée que le milieu est peu ou mal connu);
- la connaissance préalable thématique pour la validation (importance des mesures de terrain, des observations sur bassins expérimentaux);
- la précision requise, déterminée par l'objectif de l'application;
- la simplicité de l'utilisation (simple *vs* complexe, opérationnel *vs* recherche);
- l'utilisation conjointe de la télédétection et des SIG des sources d'information classiques.

Blocages méthodologiques

La difficulté d'utilisation de ces nouveaux outils et de ces nouvelles données apparaît comme de moins en moins liée à la technique elle-même. Par l'évolution spectaculaire des outils, des données numériques et des logiciels disponibles, la cartographie et les traitements numériques ont connu un développement remarquable. La cartographie numérique conduit à des documents de qualité certaine avec des progrès suffisants pour ressentir un déséquilibre croissant entre technique et réflexions. La difficulté principale ne réside pas dans la production des cartes mais dans leur analyse, leur exploitation et leur interprétation en liaison avec des objectifs thématiques.

L'utilisation de la télédétection et des SIG pour l'étude des ressources en eau permet d'intégrer de façon de plus en plus détaillée les éléments du paysage dans les algorithmes de calculs. Leur utilisation efficace ne peut être obtenue que par une schématisation du réel. Aujourd'hui, les difficultés essentielles résident principalement dans cette schématisation ou modélisation. Il faut désormais orienter la recherche sur l'utilisation de l'espace à travers les notions d'objet et de liaisons entre objets.

Pour ce qui est de la télédétection par elle même, l'amélioration de l'utilisation ne doit pas seulement être attendue de meilleures spécifications techniques (une meilleure résolution par exemple) mais surtout d'une meilleure utilisation de l'information disponible. Bien souvent les résolutions potentielles deviennent trop fines par rapport à l'objectif et il faut envisager des dégradations d'images pour mieux atteindre l'objectif souhaité. La recherche de la résolution optimale, en relation avec l'objet d'étude, devrait être une préoccupation plus systématique et fondamentale et intervenir en préalable à l'application.

Beaucoup de travaux partent du postulat que l'on peut délimiter des zones homogènes du point de vue de leur comportement hydrologique. La difficulté réside non seulement dans le tracé des limites de ces zones mais également dans leur définition. En effet, il n'est pas aisé de choisir les critères à utiliser pour définir ces zones, sachant que l'homogénéité ne correspond pas à la réalité. Ainsi, à chaque type d'image on peut faire correspondre une segmentation de l'espace selon des unités homogènes définies sur des caractéristiques visuelles mais il faudrait s'assurer que cette segmentation de l'espace a également une signification fonctionnelle en liaison avec les processus étudiés.

D'autre part, la très grande facilité d'utilisation des logiciels de traitement d'image et des outils qui leur sont associés constitue un certain danger. Il est désormais possible de procéder à des classifications d'images de manière anarchique, sans vérification sur le terrain, sans contrôle et sans lien avec l'objectif thématique. Il est possible de croiser rapidement et de mélanger sans validation, sans contrôle ni réflexion, un grand nombre de plans de base ayant des échelles et des significations différentes. Un réel danger existe de se laisser emporter par la facilité des cartographies numériques et de ne pas avancer dans le champ de leur utilisation raisonnée.

Applications prometteuses

Parmi les applications les plus opérationnelles de l'utilisation des données issues de la télédétection figure leur intégration avec les SIG qui semble actuellement se répandre le plus vite, que ce soit pour le croisement de plans, comme outil de gestion spatiale de données multiples, ou pour l'aide à la gestion hydraulique d'une zone définie. Ces applications devraient continuer à se développer dans les prochaines années car les SIG permettent d'élaborer des documents cartographiques synthétiques, base de discussions entre acteurs et donc outils essentiels, par exemple, pour la gestion des conflits d'usages. Or, on sait qu'avec l'augmentation des usages de l'eau, le nombre de régions où cette denrée devient rare s'accroît également. Plusieurs communications sont témoins de ces préoccupations et présentent des exemples de mise en oeuvre d'un SIG pour la gestion des ressources en eau sur des bassins soudano-sahéliens (Traoré).

L'intérêt des données issues de la télédétection est aussi nettement affirmé pour la cartographie des paramètres variables des modèles hydrologiques, là où seules des données ponctuelles étaient disponibles autrefois (humidité, évapotranspiration, température). Il y a donc là, pour certains paramètres, une évolution dans la méthodologie de prise des données. D'autres exemples de modélisation de ruissellements à travers des modèles spatialisés donnent des résultats encourageants malgré toutes les incertitudes qui y sont encore associées. L'intérêt spécifique de ces données nouvelles a été montré en insistant notamment sur l'association entre les images de télédétection représentatives des états de surface et de l'occupation du sol et les MNT, représentatifs de la connaissance topographique des bassins versants.

Enfin, les images offrent désormais une mémoire surfacique des événements exceptionnels (inondations par exemple). Avec l'allongement des séries d'images d'archives, celles-ci peuvent également se concevoir comme des chroniques d'évolution du paysage ou des événements hydrologiques au même titre que les séries chronologiques de débits. Les applications liées à l'exploitation de ces données devraient connaître dans le futur un développement important.

Summary of the workshop

INTRODUCTION

The objective of the workshop was to assess the current status of application of spatial information to the management of water resources in arid and semi-arid developing countries. The presentations included in this publication do not pretend to exhaustively cover all issues relating the use of spatial information systems to the management of water resources in developing countries. However, the richness and the variety of papers prove the interest in hydrological applications related to analysis of spatial information that exists in these countries.

The presentations and the discussions of this workshop were centred mostly upon the utilization of spatial data obtained from satellite platforms (low resolution NOAA, high resolution SPOT and LANDSAT), aerial photography and digital elevation models (DEM). Geographic information systems (GIS) were also covered in many presentations, either for specific applications or for the analysis of data obtained from remote sensing. GIS are used for the management of spatial information, but also as information and decision-making tools through simple (data combination, data aggregation, intersection of overlays) or complex operations (hydrological modelling).

A classification by objective effectively summarizes the two main themes of the workshop:

- **objectives related to global or local knowledge of the earth surface for an improved management of water resources**, which may also be described as an attempt to describe in order to manage better, particularly in the short term.

- **objectives related to modelling, comprehension and analysis of hydrologic events**, which consists in describing for understanding and forecasting: quantifying, classifying and validating.

These two main themes are discussed below. The current limitations and possible improvements underlined in the different papers and during the discussion are also presented. The table shows the distribution of presentations as a function of these two themes.

Themes	Number of presentations
Management of water resources	
• regional approach	8
• local approach	6
Hydrological modelling	
• hydrological characteristics of soil	8
• water balance: evapotranspiration	4
• hydrological models of surface runoff	7
Total for the workshop	33

THEME 1: MANAGEMENT OF WATER RESOURCES

A first group of presentations covered the application of remote sensing and GIS on a regional or local scale and provided various examples of the application of these techniques in an operational framework. The examples illustrate a wide range of possibilities: global knowledge (on the African continent scale); assistance to preparation and implementation of master plans; regular monitoring of large study areas or; on the opposite end, information on limited areas for which these techniques appear to be both a reliable and replicable option.

The analysis of the different presentations shows a certain number of objectives assigned to remote sensing and to GIS, and these can be classified as follows:

Cartographic (qualitative and quantitative characterization):

- boundaries between zones (spatial segmentation tools),
- links between zones,
- linear (drainage, fractures) and surface objects, characteristic features that are stable (relief, land use) or variable (seasonal vegetation, humidity, temperature, evapotranspiration.) over time.

Updated information and monitoring:

- readily available information: maps related to natural hazards,
- change of viewpoint for the description of space: from local to regional information,
- objective and complete information: uniform observations on large surfaces, particularly for areas lacking detailed base maps,
- monitoring of change and evolving phenomena.

Regionalization:

- calculation of regional or global balances,
- extrapolation of local results.

Planning and management:

- inventories, support to the formulation of master plans,
- archive (memory of events) and creation of records,
- management of large units, conflict management.

Regional approach: description and global management of large land units

The description of large land units is related to three levels of information (Lointier):

- accurate mapping of boundaries and segmentation of landscape in homogenous zones. This is the classic use of remotely sensed images for the determination of objects of hydrological significance;

- qualitative mapping of the exchange of superficial and underground water between zones. Objects are characterized by their proximity, their relative position and their thematic links:

- mapping of environmental response to specific events, therefore a monitoring approach.

One paper (Aouni) described the analog interpretation of LANDSAT images followed by the analysis of SPOT images as a tool for the inventory of surface water in Tunisia: waters surfaces, dams, hydrologic network, boundaries of watersheds, wetlands, agricultural resources. In humid tropics, to compensate for the continuous presence of cloud cover, the use of radar images appears to be more appropriate, notwithstanding the rather poor information included in a single image. This solution can be integrated with temporal methods.

The importance of satellite images can be measured by comparing the contribution of the images and of all other material available. In the case of tropical zones for which low-quality maps exist, satellite data, even of low resolution, quickly attain a much higher level of interest than other existing data. For areas that have unclear or variable boundaries (such as tropical wetlands), it is difficult to carry out proper classifications and field checks become essential (Lointier).

The utilization of GIS for the description of regional information in order to obtain improved knowledge and better management (including conflicts in the case of limited resources) was also the subject of several presentations (Bousquet *et al.*, Faurès, Killmayer). The following were presented:

- the use of data obtained from remote sensing or of data from the intersection of multiple overlays within a GIS;
- the relation between hydrological and territorial units (administrative or political boundaries of the land), and the hydraulic exchanges between territorial units
- the integration in a GIS of data from different sources, including remote sensing data. A practical example is given for Senegal (Killmayer). This describes the updating of maps of rice paddies with the objective of large scale monitoring of cropping and management. The approach is simple, operational and proposes a methodology that is now widely used in remote sensing: classification and integration into a GIS for the annual monitoring of crops. What is shown, can be considered to be a first step in the management of water resources, through the elaboration on an annual basis of a monitoring and information tool for rice crops. In the specific case, the cost of remote sensing represents only 10% of the global cost of the monitoring system, which makes it easy to integrate it into the project.

Local approach

Several local level application were included in the presentations:

The detection of water surfaces

The detection of water surfaces on an optical satellite image (SPOT, Landsat, etc.) is one of the easiest applications of remote sensing: the very weak radiometry of open water surfaces, particularly in the near infrared, gives them a high level of separability if compared to the other themes of the image. One presentation (Ousmane) gives an example of this type of detection in areas with poor cartographic information. There are two main ideas:

- remote sensing can be a powerful tool, on condition that it is used in conjunction with other local topographic and hydrological data: in the example provided, the combination of remote sensing information (SPOT), climatic data (ground station) and a good knowledge of the local topography provides a simple and operational method to calculate the volume of water surfaces;

- remote sensing can be used as a database, making it possible to reconstruct a series of events. This is an original objective which will become increasingly important with the growing availability of chronological images (for the past) and the possibility for the user to select the viewing angle even at short notice (for the future).

The detection of fractures and their hydrological interest

Two presentations described the identification of linear features on the images as an indicator of geological fractures, therefore potential areas for the utilization of groundwater. Two aspects were covered:

- a cartographic aspect: mapping of linear features with LANDSAT images for geological (fractures) and hydrogeological purposes (for the selection of drilling sites). Aerial photography was used routinely in fault areas, but the use of digital satellite imagery is relatively new. Digital analysis of the images makes it possible to use powerful algorithms for searching linear features and reduces, at least partially, the subjective nature of photo-interpretation;

- an analytical aspect: a study of frequencies and of the connection between drilling sites and fractures through the analysis of the productivity of the sites in relation to their distance from the fractures (through GIS) and the direction of the fractures themselves. The detection of the most productive tectonic events facilitates the choice of areas for new drilling sites. This point is particularly interesting, as it shows how these analyses with a GIS, can provide a practical utilization of the results. Water resources can be supplied to people by greatly increasing the chances of success in the search of high yield drilling sites.

The delimitation of watersheds

The use of digital elevation models (DEM) for the hydrological definition of watershed is becoming increasingly important due to the relative ease of obtaining DEM at reasonable cost and with a degree of accuracy that corresponds to that of the maps currently available. Most of the hydrological applications of these DEM are connected to the use algorithms, particularly for the definition of hydrological networks, the boundaries of watersheds, the measure of slopes, etc. These algorithmic application are at the same time very valuable and rather easy to use, a fact that has caused a multiplication of software available on the market. One example is provided in the presentation of Bergaoui and Camus that describes the application of the DEMIURGE programme created by ORSTOM for the definition of erosion potential and hydrological modelling in Tunisia. The DEM is used to define slopes, the hydrological network and the Beven indices. In the case of small and flat catchments, however, most presentations agree that it is difficult to correctly derive the boundaries of the watershed and the hydrological network from the DEM.

The importance of adapting the platform to the objectives

One presentation (Puech and Carette), shows the results obtained from a variety of platforms for local studies in Africa, illustrated by three examples: amateur aerial photography, use of standard aerial photography and SPOT satellite images. It is important to have a good correlation between the objective of the application, the scale and the platform: always avoid privileging the tool over the theme, avoid carrying out excessive digital analysis on the image if it doesn't contain the required information. The cost factor should also be integrated in the choice of the platform to be used. Aerial photography and satellite images are usually a source of complementary information to be used with caution.

Remote sensing and the management of rural space

Another presentation (Patrick) proposes the integration of environmental information obtained from two complementary sources: remote sensing and the indigenous knowledge of local populations. Remote sensing provides a view at a given moment, while local populations integrate the knowledge of local conditions over a number of years. The presentation suggests integrating indigenous knowledge into an expert system. This method, particularly original in its attempt to combine global information with the local knowledge, needs further testing before its feasibility can be evaluated.

THEME 2: HYDROLOGICAL MODELLING AND THE DEFINITION OF PARAMETERS

In this section, it is possible to identify two main themes: a descriptive and mapping theme, followed by a modelling one. The objectives of the presentations in this section may be described as follows:

Description and mapping

- determination of the hydrological characteristics of soils: quantitative mapping of parameters that vary over time (soil types, vegetation, crops, surface conditions and runoff index);
- determination of the elements of water balance: quantitative mapping of parameters that vary over time (humidity, evapotranspiration, temperature);
- objective division of space into hydrological units.

Hydrological modelling and interpretation

- collection of spatially distributed information to be used as a support for modelling;
- analysis of the connections between environment and its functions: search for descriptors of environmental mechanisms,
- detailed analysis of hydrological behaviour: renewed interest for the internal hydrological functions of watershed.

Description and mapping phase

Hydrological characteristics of soils

A number of presentations described the activities carried out in the framework of an FAO project for the estimation of discharge in Sahelian regions, and particularly the tests carried out on the utilization of remote sensing for the improved estimation of discharge from small watersheds. The surface feature mapping in Sahel (Lamachere and Puech) was also described. These activities start from the assumption that, thanks to a number of peculiarities, the

Sahelian region is favourable for the development of remote sensing tools used for assessing the origin of discharges: absence of detailed base maps, limited relief, well defined seasons, and dominance of mainly surface runoff over interflow. Several attempts have been made in this ares to link remote sensing and hydrology since 1985. The method described during the workshop was based upon the following elements:

- elementary hydrological knowledge based on the standard surface conditions of the Sahel, obtained from a synthesis of measures with a rainfall simulators (1 m^2 test areas);
- surface feature mapping obtained from satellite imagery (LANDSAT TM) and ground data;
- hydrological validation obtained with field observations on a number of small Sahelian watersheds.

Through the results it is possible to obtain a reasonable map of the potential runoff, that is to say the basic runoff to be expected from each pixel. This map is an important tool for the comparison of watersheds and the eventual hierarchization of basic runoffs in terms of total flow. However, the map of potential runoff is not sufficient to quantify the runoff at the outlet of the watershed. The downstream transfer of runoff and the modelling of flow within water courses still pose a number of problems that are far from being solved. To use the map of runoff potential at the watershed scale, it is currently necessary to use a calibration function. The parameters of this function have been estimated and can be used for calculating the 10-year floods on small watersheds of West Africa.

One presentation covers the use of the rainfall-runoff model elaborated by the Soils Conservation Service of the United States Department of Agriculture (USDA/SCS) through the runoff curve number (CN) to define the conditions of runoff (Colombo and Sarfatti). This is the most traditional method and the simplest utilization of remote sensing for the estimation of runoff conditions. The method, developed in the US, is tested in this case in Eritrea for the estimation of peak discharges and of annual runoff. It includes two phases: a phase of image splitting based on remote sensing and on the assignment of a global parameter to the hydrodynamic behaviour (production coefficient) which is then applied prorata to land cover. The extrapolation of calculation methods poses the problem of choosing the CN coefficient, considering that these coefficients are used in a context that is different from the one for which they were initially developed.

Another presentation also covers the issue of the hydrological response of landscape units that are considered to be homogeneous from the hydrological point of view (Viné). The landscape segmentation phase refers to "hydro-landscapes", and insists on the hypotheses of models and of the choice of segmentation. The space is divided into landscape units that are grouped according to a limited number of land cover categories. These categories are defined from the image. The choice of categories is based upon the hypothesis of each one having a specific hydrological response function contribution. Putting in relation the global hydrological response of several small watersheds (on a yearly, quarterly and monthly basis) with the different categories of land use, the unit response for each category is obtained through a numeric deconvolution scheme, based upon a disaggregation technique. This original analytical method appears well adapted to the valorization of remote sensing to provide a global value of hydrological response per landscape unit.

All these approaches put the accent on the uses of remote sensing as a tool for the segmentation of space and emphasize the uses of this segmentation of space as the initial phase for the modelling which is made possible by remote sensing, GIS and DEM.

Mapping of parameters that vary over time (water balance)

Remote sensing is also presented as a tool for mapping parameters that vary over time (temperature, humidity) and that are difficult to obtain from the standard network of point measurements. This aspect is particularly interesting as it poses the problem of changing the approach from point measurements to base surface information.

Two written presentations (Hurtado Santi *et al.*, Chebouni *et al.*) start from thermal infrared maps and demonstrate the use of theoretical models in the exchange balance to approach the actual evapotranspiration (ET) by using the differential between radiative and aerodynamic temperatures. The applications were carried out in semi-arid regions of Arizona, the Sahel and central Spain. Remote sensing is herein described as a tool for managing spatial information, in this case the objective being the production of ET maps at a regional level.

Finally, one presentation (Gineste) covers the contribution of ERS radar data to the estimation of soil humidity in a small watershed in France. The results are insufficient to produce soil humidity maps as the calibration of the images is still a major problem. One the other hand, they can provide a relative vision of the dynamics and of the spatial distribution of humidity on the watershed. The main interest of this approach resides, therefore, in a visualization of temporal and spatial variations of surface moisture defined by hydrological models. These results can be used to validate the models themselves.

Objective segmentation of space - reference to the concept of hydrologically homogenous areas

Streamflow modelling or simply understanding of the hydrological environment systematically refers to the utilization of spatial data as a tool for segmenting land into homogenous areas. Even if often this tool is not defined as such, it is nevertheless present in most of the presentations.

Remote sensing and GIS appear to be the main tool for segmenting space. Practically all the presentations that refer to land use include this segmentation phase. Some only present the segmentation phase and the cartographic results without proceeding to the modelling phase, which is the main link to the environmental mechanisms that are being studied.

Other presentations propose a reflection on the choice and the meaning of homogenous areas: these areas, homogeneous on the images (according to visual aspects), should also correspond to similar functionality according to the theme which is being studied. It is possible to verify (Viné), that visual homogeneity does not guarantee homogenous behaviour.

Segmented data can then be included in a modelling process that is usually the final objective: segmentation of space is usually only the initial step of modelling applications.

Hydrological modelling phase

In a spatial approach to streamflow modelling, there is an evident separation into two phases: first the segmentation of space and then the modelling itself. Apart from the implementation of these two key phases, a number of presentations have dwelled on their implementation, including research and methodological aspects. Segmentation of space and distributed modelling have in fact a number of serious problems of validity and interpretation, particularly as they manipulate multiple plains, an operation that is often simple from a computing standpoint, but very uncertain as far as the meaning and the coherence of results are concerned.

Modelling outside GIS

These are calculations carried out outside of a GIS framework, but whose base data are spatial. Some of the results have been described above. The most effective applications are the simplest and the most typical: hydrological balance or SCS (Soil Conservation Service) models in which a runoff coefficient is applied to each land use.

Two presentations (Nonguierma and Dautrebande, Colombo and Scarfatti) presented the applications of simple SCS models. Remote sensing is used for the segmentation into homogeneous areas: an evaluation of CN by areas is proposed, based on the average soil occupation, with the quantification of the runoff calculated at the rate of each homogenous area.

Another presentation (El Idriss and Persoons), uses a simple and effective conceptual framework (linearity, permanence during a storm of production and transfer functions), to simulate the hydrogrammes of the maximum flood events for the calculation of structures. As it uses classes of pixels in a isochrone position in relation to the watershed outlet, the structure of the grid hydrological model (GHM), enables a quick calculation in comparison to classical distributed models. Its application consists in the creation of scenarios to test the influence of the evolution of the physical characteristics of the watershed on the change in flood regime.

The reference to TOPMODEL modelling on the basis of spatial knowledge of relief (Gineste) should also be noted. This is a simplified conceptual model of water tables that proposes a precipitation-discharge transformation based on the notion of variable contribution areas (during the storm), for calculating flood events. The areas can be defined using their saturation index, that is a function of slope and of the surface drained upstream of the considered point. Starting from a digital elevation model (DEM), it is possible to map this index, then calculate its distribution that enters directly into the modelling. The increasingly easy access to DEM encourages the use of this type of models and valorizes the inclusion of relief in hydrological modelling. As a consequence of the hypotheses on the elementary streamflow process, its application is a priori restricted to humid and temperate areas.

Modelling with GIS

Some examples of modelling based on spatial data managed through a GIS are shown both in simple terms (regional hydrological balance constructed with a continental scale GIS, Bousquet *et al.*) or more complex ones (modelling including production and transfer functions, Faurès). One presentation (Perez *et al.*) illustrates the test of a event distributed modelling tool, the ANSWERS model, that runs in a GRASS environment (a GIS software in image mode) to define runoff and erosion in an agricultural catchment. The model requires the initial knowledge of several parameters, several of which are obtained from field information or from remote sensing, while others are obtained by calibration. The application is made simpler by the direct use of information overlays (relief, land cover) in the modelling.

In the combination of overlays obtained from a GIS there is a problem in the interpretation of map results obtained, particularly on the boundaries between homogenous areas. This problem was raised by a number of participants: at the junction of zones, the variations may appear artificially sudden, while in reality, they are usually gradual.

Even though a number of issues related to precision, validation and interpretation of cartographic treatment of data with GIS remain to be solved, the results obtained are usually more precise, more exhaustive and easier to use that the simple compilation of non systematic point measurements. Regardless of the remaining difficulties, the use of GIS is an interesting option for the extension, extrapolation and interpolation of observation for crossing information overlays of differing nature.

Conclusions

Hydrological modelling

In addition to the results themselves, some presentations provided a basis for reflection on more fundamental questions and they concentrate upon the connections between hydrological models and spatial information. The analysis of discrepancies between the models and the observations in Sahelian region emphasizes the limited precision of the latter. Spatial tools make it easier to take into consideration local variations. In particular, remote sensing in its widest sense can be used to explain the differences between watersheds through the representation of soil occupancy or of drainage. It makes it possible to study watersheds in great detail. However, the majority of hydrological models based on remote sensing assume the linearity and the invariability of the process, and this is far from evident.

Remote sensing is presented as a tool for validating hypotheses. Radar images, for example, can be useful for validating or invalidating the hypotheses on the dynamics of moisture in the watershed. Internal behaviour of watershed can be explained by two spatial elements: morphology (which explains the interest of DEM utilization in modelling) and land cover (from where the interest in remote sensing). Several models using on or the other of these tools have been developed at different scales.

The connection between spatial descriptors and hydrological indicators is also an important subject. It shows the difficulties in associating the visual objects available on the image and the objects required for hydrology, particularly because each connection is related to scale: the description of hydrological processes varies with scale. Therefore, the choice of hydrological objects (homogeneous areas) cannot be limited to one aspect. Their size depends on the objectives of the study and should be based on a compromise between the consideration of the physical phenomena underlying hydrological processes and the field data available for the elaboration of models.

In the Sahelian context, each scale needs a specific approach. Mapping runoff potential is possible at the pixel scale in areas where surface runoff prevails (this is the case for the Sahel) and enables a good comparison between watersheds. However, due to the non linearity of hydrological processes and to the relative difficulty of representing them at the different scales, the discharge at the outlet of the watershed can only be obtained by the simple addition of elementary runoff obtained on each pixel. It is necessary, therefore, to work on hydrological objects of larger scale for which runoff measurements do not exist.

Data obtained from remote sensing and DEM now produce an almost continuous flow of spatial descriptions, which makes it possible to analyse the internal variability of watersheds and to utilize distributed models to simulate its hydrological functions. However, this shows the difficulties in applying these models: the current knowledge of internal processes of watersheds is insufficient to make it possible to use data from remote sensing and DEM in a useful manner. In fact, hydrology, which was developed before the introduction of technologies allowing for the collection and processing of spatial information, is poorly adapted to the efficient use of the full potential or remote sensing and GIS. The empirical methods development for the estimation of peak (flood) discharge and annual contributions, barely use spatially distributed information, and generally only in a statistical form. If the best possible use is to be made of georeferenced information, it is important to undertake the development of new hydrological methods.

At the same time, there is the problem of choosing a model: a physical model based on spatial data, difficult to calibrate and therefore basically unstable, or a conceptual parametric model which is easier to calibrate but in which it is harder to explain the physical meaning of the parameters.

All the results presented above have been positive and encouraging. However, the use of spatial techniques also includes a series of bottlenecks, of failures even. Very important lessons can be drawn from the analysis of these failures. They help to reflect and are very useful for the identification of the various constraints. The different presentations and discussions have raised a number of problems that could explain these difficulties:

Technical problems:

- vision limited to the ground surface

Problems related to inappropriate use of tools:

- attempts to develop universal tools that is in contrast with the impossibility of correctly modelling natural phenomena in their geographical variability;
- underestimation of the role of validation and field measurements;
- use of one technique instead of another without verifying complementarity.

Problems related to methodological limitations:

- fast development of computers, associated with a slower development of methodologies and thematic reflections;
- spatial approach that is based upon new ways of thinking that are not adapted to the traditional calculation methods;
- problems of scale and change of scale not properly managed; high sensitivity of indicators to spatial and temporal scales, improper combination of information at multiple scales;
- bad selection of the so-called useful indicators.

Operational results

The different presentations of the workshop cover on the one side operational results and on the other some more general reflections on the methods for treating spatial information for the study and management of water resources. Among the operational results, we can essentially find simple cartographic applications, with remote sensing and DEM adding new, pertinent and qualitatively measurable cartographic information. The enormous possibilities in terms of knowledge of the environment and of surface quantification of specific parameters are easily understood. A lot of hopes are also vested in the use of GIS for the integrated management of spatial data. On the other hand, the associated models are still at the research stage.

The applicability of these approaches is in fact highly variable and can be judged through a number of criteria such as:

- region of application (the value increases in little or poorly known environments);
- previous thematic knowledge for validation (importance of field measurements and of observation on experimental watersheds);
- the required precision, determined by the objective of the application;
- the ease of application (simple vs. complex, operational vs. research);
- combined use of remote sensing, GIS and of classic information sources.

Methodological bottlenecks

The difficulties of using these new tools and these new data appear less and less connected to the techniques themselves. Through the spectacular evolution of these tools, of numeric data and of available software, cartography and numerical analysis have experienced a remarkable development. Digital maps produce documents of proven quality and with such improvements to cause a growing unbalance between techniques and conceptualization. The main problem is not the production of maps, but their analysis, their use and their interpretation for thematic objectives.

The use of remote sensing and of GIS for the study of water resources makes it possible to integrate elements of the landscape into calculation algorithms in an increasingly detailed fashion. Their efficient use cannot be obtained other than with a schematization of reality. Nowadays, the main problems reside in this schematization or modelization. It is now essential to orient research on the utilization of space through the notion of objects and the relationship between objects.

As far as remote sensing per se is concerned, the improvement in utilization should not only be expected from an improvement in the technical characteristics (for example better resolution), but also from a better use of the available information. Often the potential resolution becomes too fine in relation to the objective and it might be useful to accept some degradation of the image in order to obtain the desired results. The search for the optimal resolution, in relation to the objective of the study should be a more fundamental and systematic preoccupation and become a prerequisite of each application.

Many applications start from the idea that is possible to delimit areas that have homogeneous hydrological behaviours. The difficulties reside not only in tracing the boundaries of these areas but also in their definition. In fact, it is not easy to choose the criteria to be used for the definition of these zones, knowing that homogeneity does not correspond to reality. So, it is possible to match each type of image with a segmentation of space based upon homogeneous units defined by visual characteristics, but the segmentation of space should also have a functional meaning related to the studied processes.

On the other hand, the ease of image processing software and of associated applications presents a certain danger. It is now possible to classify images in an anarchic fashion, without field checks, without control or relation to the thematic objective. It is possible to rapidly intersect, combine without validation or control a large number of overlays with different scales and meanings. There is a real danger of being carried away by the ease of digital maps and not to advance in the field of their rational utilization.

Promising applications

Among the most operational applications of data obtained from remote sensing, integration with GIS appears to be expanding the fastest, be it for the intersection of overlays, as a tool for the spatial management of multiple data or for the support to hydraulic management of a given area. These applications will continue to develop in the coming years as GIS make it possible to elaborate synthetic cartographic documents, that are the basis of discussion between stakeholders and therefore essential tools, for example, for the resolution of conflicts on the use of resources. Now, it is known that with the increased uses of water, the number of regions in which this resource becomes rare also increases. Several communications expressed these preoccupations and provided examples of applications of GIS to the management of water resources in sudano-sahelian catchments (Traoré).

The interest of data from remote sensing is also strongly demonstrated by the mapping of the variable parameters of hydrological models, where only point observations were previously available (moisture, evapotranspiration, temperature). Thus, for certain parameters, there is an evolution in the acquisition of data. Other examples of runoff modelling through spatial models provide encouraging results, notwithstanding all the incertitude that is still associated to these. The specific interest of the new data has been shown particularly by insisting on the association between remote sensing imagery representative of surface conditions and of land cover and the DEM, representing the topographic knowledge of the watersheds.

Finally, the images now offer a surface memory of exceptional events (floods for example). With the increase of the image archives, these can be considered as chronicles of landscape evolution or of hydrological events on the same level as records of discharge. Applications connected to the use of this data will certainly experience important developments in the future.

Résumés des communications

Abstracts of presented papers

Session 1

Télédétection et modélisation hydrologique

Remote sensing and hydrologic modelling

Cette section présente les principaux résultats des travaux entrepris dans le cadre du projet "Crues et apports". Elle est composée de trois articles : "Les observations au sol", "Cartographie des états de surface" et "Modélisation hydrologique".

This section presents the main results of the work carried out in the context of the project "Crues et apports". It comprises three papers: "Ground observations", "Mapping of the surface types" and "Hydrologic modelling".

Les observations au sol

RESUMÉ

En Afrique de l'Ouest, il est généralement estimé que l'amélioration de l'évaluation des ruissellements à l'échelle des petits bassins versants viendra d'une meilleure connaissance des aptitudes des sols au ruissellement (Rodier et al., 1984). Les travaux des hydrologues et pédologues de l'ORSTOM en Afrique de l'Ouest (Casenave et Valentin, 1989) ont montré que l'aptitude des sols au ruissellement dépendait fortement de leur état de surface, notion qui cumule l'observation de la végétation, du sol et de son organisation superficielle.

Or la télédétection satellitaire haute résolution propose actuellement des images au pas d'espace de 20 m (SPOT XS) ou 30 m (LANDSAT TM). La détection est limitée aux couches superficielles de la surface du sol en l'absence de nuages. L'accès aux couches inférieures ne peut se faire que par corrélation avec des éléments révélateurs en surface de la texture et de la structure du sol. L'utilisation de la télédétection pour la cartographie des états de surface nécessite donc la réalisation d'observations au sol permettant de préciser, aux échelles d'observation de l'appareil embarqué à bord du satellite, les principales caractéristiques des états de surface. Pour ce faire, nous présentons dans cet article une méthode d'observations au sol des états de surface bien adaptée à l'interprétation et à l'analyse numérique des images satellitaires.

La méthode proposée consiste, pour des bassins versants de superficie supérieure à 10 Km^2, à réaliser la description au sol des états de surface par blocs contigus de 100*100 m, sur des distances de 2 à 3 km. Les repérages au sol sont effectués par l'emploi d'un GPS (Global Position System). Les observations sont ensuite normalisées et reportées sur des tableaux récapitulatifs permettant leur utilisation dans le traitement numérique des images. Pour des bassins versants de superficie inférieure à 10 Km^2, les observations au sol sont effectuées sur des bandes rectilignes longues de 300 à 500 m et larges de 20 m qui procurent un taux de sondage équivalent et une meilleure précision dans la description des états de surface.

ABSTRACT

In West Africa, hydrologists think in general that a better estimation of the runoff on small basins of the Sahelian zone will come through the knowledge of the runoff capacities of the soils (Rodier *et al.*, 1984). A rain simulator was used in West Africa on elementary areas (1 m^2) to measure that runoff capacity. Work carried out by ORSTOM hydrologists and pedologists (Casenave and Valentin, 1989) has shown that runoff capacity is closely related to the surface types, its plant cover and the soil surface structure.

Today, satellite images with 20x20 m^2 (SPOT) or 30x30 m^2 (LANDSAT TM) resolutions are easily obtained. In cloudless conditions, those views show only the surface of the earth and its plant cover. To map the lower layers, it is necessary to correlate them with the surface index which reveals, for example, the soil texture or the soil structure. In this paper a ground method for observing the surface features in order to map them by means of remote sensing data is presented.

***Jean-Marie Lamachère**, Laboratoire d'hydrologie, ORSTOM, Montpellier*
***Christian Puech**, LCT CEMAGREF/ENGREF, Montpellier, France*

For small basins (10 to 500 km^2), this method proposes the description of the surface features on strips 100 m wide and 2 to 3 km long, divided into equal 100 m long sections. Use of a GPS (Global Position System) makes good pinpointing possible. The observations are standardized and tabulated for use in the image processing. For very small basins (smaller than 10 km^2), ground observations are made on linear strips 300 to 500 m long and 20 m wide, where descriptions of the surface features are more detailed for a similar rate of sampling.

Cartographie des états de surface

RESUMÉ

En Afrique de l'Ouest, l'utilisation de la télédétection pour la cartographie des états de surface permet d'envisager aisément une extension spatiale de la caractérisation de l'aptitude des sols à l'infiltration et au ruissellement. Les mesures hydrologiques effectuées sous pluies simulées dans cette région ont en effet montré l'influence déterminante de trois facteurs principaux sur le comportement hydrique des sols : le type de sol, le couvert végétal et l'organisation superficielle du sol (Casenave et Valentin, 1989). A partir des observations de terrain décrivant les états de surface, la procédure cartographique proposée (Lamachère et Puech, 1995) consiste à réaliser deux décodages des images satellite.

Un décodage primaire définit trois plans thématiques :

- un plan *végétation* élaboré sur la base de classes de densité du couvert végétal,
- un plan *sols*, différenciant les sols par leur granulométrie superficielle,
- un plan *occupation du sol*, séparant les zones cultivées des zones non cultivées.

Un décodage secondaire permet de caractériser chaque classe radiométrique résultant du traitement numérique des images, ou chaque unité hydrologique issue d'un croisement des trois plans thématiques dans un système d'information géographique, par leur composition en surfaces élémentaires types. Pour chaque classe radiométrique, ou chaque unité hydrologique, le passage des trois variables primaires (sol, végétation, occupation du sol) à la composition en types de surfaces élémentaires se fait par utilisation d'une liaison statistique établie à partir des observations de terrain. Cette liaison statistique permet de valider l'hypothèse forte selon laquelle les critères secondaires (composition en surfaces types élémentaires) sont corrélés de manière stable aux critères primaires. Au cas où elle ne le serait pas par la prise en compte des trois critères primaires, il faudrait y ajouter un autre critère suffisamment discriminant, par exemple le relief.

ABSTRACT

In West Africa, the use of remote sensing to map the surface types makes it possible to extend the soils runoff and infiltration capacities on small basins. Hydrological measurements under rain simulator conditions have shown that three main factors affect the hydrologic behaviour of the soils : type of soil, plant cover and surface soil structure (Casenave and Valentin, 1989). From ground observations of the surface types, the mapping procedure (Lamachère and Puech, 1995) consists of two decodings of the satellite images.

A first decoding which defines three thematic plans :

- a vegetation plan with classes of plant cover densities,
- a soil plan with grain size distribution classes,
- a land use plan separating the cultivated fields from the natural zones.

With a second decoding, it is possible to characterise the composition in elementary surface types of the radiometric classes resulting from the digital processing of the satellite images, or of the homogenous hydrologic units coming from the association of the three thematic plans in a Geographical

Jean-Marie Lamachère, Laboratoire d'hydrologie, ORSTOM, Montpellier
Christian Puech, LCT CEMAGREF/ENGREF, Montpellier, France

Information System. For each radiometric class, or each hydrological unit, the composition in elementary surface types is obtained from the ground observations by a statistical relationship between these compositions and the three primary variables (soil, vegetation and land use). This statistical relationship makes it possible to validate the strong hypothesis from which the secondary criteria are correlated in a stable manner with the primary criteria. For cases in which this is not so, a more discriminating criteria such as relief must be added.

Modélisation hydrologique

RESUMÉ

En Afrique de l'Ouest, la description et la cartographie des états de surface permet d'utiliser les relations hydro-pluviométriques du catalogue de Casenave et Valentin (1989) dans la modélisation hydrologique. Ces relations ont été établies à l'échelle du mètre carré pour de fortes averses. Afin d'appliquer ces relations à des averses naturelles, aux intensités faibles et variables, il est proposé ici l'utilisation des concepts de pluie utile et de potentiel de ruissellement. Le passage des potentiels de ruissellement aux écoulements réels s'effectue à l'aide d'une fonction de calage qui intègre les phénomènes de transfert à l'échelle des bassins versants.

Dans le cadre d'un programme financé par la FAO et exécuté conjointement par le CIEH, l'Orstom et le Cemagref (FAO 1996), cette méthodologie a été appliquée à la prédétermination des crues de fréquence décennale de petits bassins versants des zones sahélienne et tropicale sèche. Les résultats de ces travaux montrent qu'aucun coefficient de calage n'est nécessaire pour les très petits bassins versants imperméables de superficie inférieure à 10 km^2. Pour les autres bassins, plus le bassin versant est grand et plus il est perméable, plus faible est le coefficient de calage. Appliquée au cours d'une saison des pluies, la même méthodologie permet de modéliser le comportement hydrologique des sols d'un bassin versant en tenant compte de l'évolution temporelle des états de surface (végétation, travail du sol, encroûtement). L'exemple du calcul des apports potentiels, annuels et mensuels du petit bassin versant de Bindé (région de Manga, Burkina Faso) montre qu'il est nécessaire d'établir une fonction de calage dont les paramètres varient au cours de la saison des pluies, afin de rendre compte du fonctionnement hydrologique complexe du bassin versant.

ABSTRACT

In West Africa, description and mapping of the surface features allow for the use of the relationships between rain and runoff at the elementary scale (1 m^2) taken from the Casenave and Valentin catalogue (1989). The relationships were established for rainstorms. In order to apply these to showers having low and unsettled rain intensities, concepts of useful rainfall and runoff potentials are proposed here. To change from the runoff potentials to the stream flow it is necessary to use an adjustment function which integrates the transfer phenomena to the scale of the basins.

In the framework of the FAO programme carried out by CIEH, Orstom and Cemagref (FAO 1996), this methodology was applied to predetermine the decennial flood on small basins in the Sahelian and dry tropical areas of West Africa. The results show that no adjustment coefficient is necessary for very small impermeable basins having a drainage area smaller than 10 km^2.

For other basins, the larger and more permeable they are, the smaller is the adjustment coefficient. Applied to the rainy season, the same methodology makes it possible to model the soils' hydrological behaviour on a basin including the temporal evolution of the surface types (vegetation, tillage or weeding, crusting). Calculations of the annual and monthly potential runoff on the small basin of Bindé (region of Manga, Burkina Faso) show that it is necessary to establish an adjustment function with variable parameters during the rainy season, in order to take into account the complicated hydrological behaviour of the basin.

Jean-Marie Lamachère, Laboratoire d'hydrologie, ORSTOM, Montpellier
Christian Puech, LCT CEMAGREF/ENGREF, Montpellier, France

Session 2

Gestion des ressources en eau

Water management

Approche régionale

Regional approach

Gestion intégrée des zones humides en milieu tropical

Apport de la télédétection à la connaissance hydrodynamique

RÉSUMÉ

L'aménagement progressif des zones humides et côtières du Département de la Guyane soulève, comme dans beaucoup de régions côtières, des problèmes de gestion de l'espace littoral, dans un contexte d'une communauté d'acteurs qui peut aller jusqu'au "conflit d'usage". Les recommandations de la Conférence de Rio en 1992 sur la gestion intégrée des zones côtières peuvent être le point de départ d'un "exercice" de réflexion s'appliquant à un contexte géographique spécifique : 320 km de linéaire côtier, 1 270 km^2 de zones humides à l'ouest de Cayenne dont 5,2 % sont aménagés et une dynamique littorale très forte en font une région où il est nécessaire que l'investigation scientifique s'appuie sur une importante base de connaissance. Parmi les méthodes utilisées pour mieux décrire les 3 000 km^2 au total de zones humides du Département, l'utilisation des données de télédétection est un atout majeur : plusieurs programmes, depuis 1987, ont permis de confronter l'expérience de terrain avec des données non seulement optiques (Spot, Landsat) mais aussi radar (ERS1, projets pilote de l'ESA n° 12).

L'utilisation des données satellite, qui convient parfaitement à la description de ces vastes espaces souvent difficiles d'accès, est intégrée à plusieurs niveaux de la démarche : nous montrons comment l'on peut analyser le linéaire côtier avec les données radar afin de qualifier, à un instant donné, les échanges entre l'océan et les zones humides. Nous montrons également comment les données optiques permettent d'aborder le problème de la cartographie thématique et comment celle-ci s'insère dans un problème, plus délicat, de description des unités écologiques et de classification des zones humides. Enfin, par l'utilisation dans certains cas particuliers des données radar multitemporelles, il est possible d'aborder des processus dynamiques en hydrologie des zones humides.

La réflexion est ensuite ouverte sur les méthodes permettant d'obtenir une information sur le fonctionnement de la zone humide et de préparer cette information par rapport à un objectif de gestion intégrée.

ABSTRACT

The progressive development of wetlands in French Guiana, as is the case for many tropical regions, causes problems of land use planning, especially in coastal areas. This specific geographical context is characterized by 320 km of coastline, 1 270 km^2 of wetlands to the west of the town of Cayenne (of which 5.2% are managed), and an unstable shoreline. Wetlands are some of the most unstable and complex ecosystems, and can be very sensitive to human and industrial development. Remote sensing represents a very important tool to obtain a better description of the 3 000 km^2 of total wetlands. Since 1987, several programs have been able to confront the groundtruth experience with optical data (SPOT, LANDSAT), and radar data (ERS1, pilot projects ESA N°12).

Marc Lointier
Chargé de Recherche à l'ORSTOM, Maison de la Télédétection, Montpellier, France

Perfectly suited to describe these wide spaces, which are often difficult to access, satellite imagery is useful at many levels :

- to show how the coastline can be analysed with radar data in order to qualify, at any given time, the exchanges of water between wetlands and the ocean.
- optical data are used in thematic cartography to help solve the difficult problem of ecological classification of wetlands. Multitemporal radar data are used, in some particular cases, to understand dynamical processes in water circulation.

The paper discusses means and methods to describe wetland functioning as a contribution to integrated coastal area planning.

Evaluation régionale des ressources en eau au moyen d'un système d'information géographique: le cas du bassin du Niger

RÉSUMÉ

L'article présente une méthode pour l'évaluation régionale des ressources en eau à l'aide d'un système d'information géographique. La méthode est testée sur le bassin du Niger. L'article montre comment un SIG peut être couplé avec des modèles hydrologiques simples pour simuler les principaux processus hydrologiques à l'intérieur d'un grand bassin. L'utilisation des informations existantes (couvertures SIG, données hydrologiques) est faite de manière à permettre une généralisation spatiale de l'information hydrologique existante. L'objectif final du modèle est de servir d'outil pour la planification des ressources en eau à l'échelle régionale en permettant, entre autres, d'évaluer les échanges entre entités administratives ou politiques.

ABSTRACT

The paper presents a method to compute regional information on water resources, using a geographic information system. A test study of a regional approach towards assessment of water resources was carried out using Arc-Info on the Niger river basin. The paper shows how GIS can be coupled with simple hydrologic models to simulate the major hydrologic processes inside a large basin. Best use of available information (GIS coverages and hydrologic data) is made to generalize the hydrologic information. The model will eventually be used to help regional water resources planning by addressing problems like water exchanges between administrative or political entities.

Jean-Marc Faurès

Division de la mise en valeur des terres et des eaux, FAO, Rome, Italie

Assessment of irrigation potential in Africa

Arc-Info: a tool for the computation of the irrigation water requirements at continental level

RÉSUMÉ

Dans le cadre de l'estimation du potentiel d'irrigation pour l'Afrique, la FAO a adopté en 1995 une approche par bassin versant. L'intégration des données sur les ressources en eau et les terres aptes à l'irrigation est réalisée sur chacun de ces bassins en fonction des besoins en eau d'irrigation. Arc-Info est l'outil utilisé pour définir les unités géographiques de calcul, qui sont homogènes en termes de précipitations moyennes, d'évapotranspiration potentielle, de calendrier et d'intensité de culture, et d'efficience de l'irrigation. En associant les informations sur les besoins en eau d'irrigation bruts, les superficies de sols adaptés à l'irrigation et les disponibilités d'eau par bassin, on peut estimer le potentiel réel d'irrigation en Afrique.

ABSTRACT

In 1995, FAO undertook a study to assess the irrigation potential of Africa, based on a river basin appoach. To integrate information on land and water at the river basin level, knowledge of irrigation water requirements per unit of land area is necessary. Arc-Info was used to define the geographical computation units, which are homogeneous regarding average rainfall, potential evapotranspiration, cropping pattern (calendar, intensity) and irrigation efficiency. Combining information on gross irrigation water requirements, area of soils suitable for irrigation and available water resources by basin eventually results in an estimation of the physical irrigation potential for Africa.

Mathieu Bousquet, Jean-Marc Faurès, Karen Frenken, Luc Verelst
Land and Water Development Division, FAO, Rome, Italy

Evaluation des ressources en eau dans le socle par l'étude des fractures à l'aide des données Landsat (bassin d'Odienné, Côte d'Ivoire)

RÉSUMÉ

Dans le cadre d'un projet de recherche entre l'UREF, l'IET et le CARTEL de l'Université de Sherbrooke visant à évaluer le rôle de la télédétection dans la recherche des eaux souterraines en milieu cristallin, une étude structurale et géologique par télédétection a été entreprise. Cette étude avait pour but d'établir l'inventaire des réseaux de linéaments principaux pour la sélection des sites privilégiés des forages.

L'interprétation géologique des images et les données géologiques déjà existantes sur la nature des roches ont permis d'établir une carte d'unités géologiques et des axes structuraux majeurs sur des formations constituées en grande partie de granite et granite migmatique. L'exploitation des données provenant à la fois des études sur l'affleurement, de l'interprétation des photographies aériennes et des images satellitaires a permis de dégager les grandes orientations tectoniques suivantes : N0-20°, N30-60°, N80-100° et N120-170°, dont l'âge varie du paléozoïque inférieur au crétacé.

Les diagrammes de fréquence ont permis de déterminer les grandes directions de fractures de tension pouvant parfois présenter des ouvertures productives, à savoir les directions NE, NW, NS. Les traitements numériques ont porté sur le rehaussement, les rapports et combinaisons entre bandes TM et la classification semi-dirigée. On a retenu le filtrage directionnel de Sobel, matrice 7´7.

ABSTRACT

A structural and geological study aimed at evaluating the role of remote sensing in the search for underground water in fractured rock environments was undertaken in the framework of a joint UREF, IET and CARTEL (Sherbrooke University) project. The objective of the project was to prepare an inventory of the major lineament networks for the selection of drilling sites.

The geological interpretation of images, linked with the existing geological information of the nature of bedrock, has made it possible to establish a map of geological units and of the major structural axes on mainly granite and magmatic granite formation. The combined use of data from the study on surfacing, from the interpretation of aerial photographs and from satellite images has made it possible to obtain the following main tectonic orientations: NW-20°, N30-60°, N80-100° and N120-170°, whose age varies from the lower Paleozoic to the Cretaceous.

***Issiaka Savane**, Institut d'écologie tropicale, Abidjan, Côte d'Ivoire*
***Bénié Goze**, CARTEL, Université Sherbrooke, Canada,*
***Jean Biemi**, Département des sciences de la terre,*
Université nationale de Côte d'Ivoire, Abidjan, Côte d'Ivoire

The frequency diagrams have made it possible to determine the main directions of tension fractures that can at times present productive openings, in particular the NE, NW and NS directions. Digital processing was based on height adjustment, the ratio and the combination between TM bands and semi-assisted classification. A Sobel directional filter with a 7x7 matrix was chosen.

La télédétection comme moyen d'appui à la planification des ressources en eau (cas du Sud-Ouest du Burkina Faso)

RÉSUMÉ

Pays sahélien , le Burkina Faso est situé en Afrique de l'Ouest. La pluviométrie annuelle varie entre 500 mm au Nord et 1 200 mm au Sud, donnant naissance à des cours d'eau pérennes dans la partie Sud-Ouest du pays (Comoé, Mouhoun, Bougouriba).

Malgré le caractère sahélien du pays, la zone du Sud-Ouest, d'une superficie de 60 600 km^2, recèle d'importantes ressources en terre et en eau. Cette zone connaît une intense activité de mobilisation et d'utilisation des eaux: périmètre sucrier de la SOSUCO (3 800 ha), périmètre rizicole de la Vallée du Kou (1 000 ha), 1 300 ha de bas-fonds améliorés avec l'opération riz Comoé, la plaine de Douna (400 ha), périmètre rizicole de Karfiguela (350 ha).

Ces potentialités expliquent la présence du nombre croissant de migrants sur les terres du Sud-Ouest où se développent simultanément divers projets et activités sans une vision prospective et sans cohérence dans les aménagements. A cela s'ajoute la faible croissance des ressources en terre et en eau en vue de leur planification et de leur gestion durable.

Face à ce constat, la Direction régionale de l'hydraulique des hauts-bassins, à travers le Programme de développement et de valorisation des ressources en eau dans le Sud-Ouest du Burkina Faso (RESO), sur financement du Fonds européen de développement (7ème FED), a entrepris la réalisation d'un schéma directeur de planification qui servira de cadre à la collecte de données indispensables pour la planification et la gestion des ressources naturelles, dans une approche fondée sur l'écosystème ; ces données seront intégrées dans un système d'information géographique (SIG).

Pour la réalisation de ces objectifs, l'utilisation de l'outil télédétection a été privilégiée. Ainsi, la caractérisation de la situation actuelle (occupation des sols, hydrologie, etc.) sera basée sur l'analyse des images Landsat-TM de 1994. L'évaluation de la dégradation des sols se fera à l'aide de deux séries d'images (Landsat MSS et TM) séparées d'une dizaine d'années (1984 et 1994). Dans certains cas, l'étude des photographies aériennes complètera les observations de terrain prévues de 1994 à 1997.

ABSTRACT

Burkina Faso, a Sahelian country, is located in West Africa. The yearly rainfall varies from 500 mm in the north to 1 200 mm in the south, giving rise to permanent waterways in the south-western part of the country (Comoé, Mouhoun, Bougouriba).

In spite of the Sahelian nature of the country, the south-west area covering a surface of 60 600 km^2 contains important land and water resources. That area has an intensive activity of mobilization and use of water: the sugar plantation area of Sosuco (3 800 hectares), the rice area of the Kou Valley (1 000 hectares), 1 300 hectares of reclaimed lowlands for the Comé rice project, the plain of Douna (400 hectares), the rice surface of Karfiguela (350 hectares).

Karim Traoré, Ministère de l'eau, Direction régionale de l'hydraulique, Bobo Dioulasso, Burkina Faso

These potentialities constitute the reasons for the growing number of migrants on the south-west lands where various projects and activities are simultaneously developed without any management planning or coherence. In addition is the weak growth in land resources for sustainable management.

Faced with this reality the Regional Department of Hydology in the « hauts bassins », through the development and management of a Water Resources Programme (Reso) in the south-west of Burkina Faso, financed by the European Development Fund (7th EDF), has undertaken to carry out a Master Plan which will serve as a framework for the collection of indispensable data for the planning and management of natural resources with an ecosystem approach. These data will be integrated in a geographical information system (GIS).

To carry out these aims the use of remote sensing has been favoured. Thus, to characterize the present situation Landsat TM images of 1994 will be used. The assess-ment of soil degradation will be done with the help of two series of images (Landsat MSS and TM) with a 12-year interval (1984 and 1994). In certain cases the study of aerial photographs will complete the ground observations foreseen from 1994 to 1997.

Unités de paysage pour l'hydrologie au Nord du Mexique

RÉSUMÉ

La région hydrologique N° 36 (RH 36), couvrant 92 000 km^2 au Nord du Mexique, fait depuis 1992 l'objet d'études scientifiques centrées sur le thème de l'eau (dynamique, disponibilité et différents usages agricoles).

Avant d'aborder la phase d'hydrologie expérimentale, il a été établi un recensement des principales unités de paysage représentatives de la RH36, dont les caractéristiques, les organisations et la distribution régissent le ruissellement des eaux superficielles. Cette typologie fait appel au concept de paysage et fournit des informations spatialisées exprimées sous forme d'un système d'information géographique dont l'élaboration s'appuie sur l'information disponible (un modèle numérique de terrain, diverses cartes thématiques à petite échelle et l'imagerie satellitaire), qui a été rassemblée dans une base de données spatiales. A partir de celle-ci, les facteurs considérés, à cette échelle d'intervention, comme les plus déterminants vis-à-vis des dynamiques hydriques superficielles (pentes topographiques, roches et matériaux géologiques, sols, occupation des sols) ont été sélectionnés, analysés et classés par approches successives.

Le croisement des trois premiers plans d'informations a permis la définition de 21 ensembles paysagiques physiques, dont 19 ont été considérés comme hydrologiquement fonctionnels, et de 84 sous-ensembles biophysiques après intégration de la végétation, pour lesquels a été réalisée sur une partie de la région une cartographie actualisée à partir des images SPOT de 1992.

ABSTRACT

The Hydrological Region N° 36 (HR 36) covers an area of 92 000 km^2 and is located in the north of Mexico. Since 1992 it has been the object of scientific studies on water cycles, availability and different agricultural uses of water.

Before hydrological measurements were begun, an inventory of the main landscape units whose features, structures and distribution determine the runoff of surface waters was carried out. A typology of the landscape units is used in a Geographic Information System to integrate data of a Digital Elevation Model, small-scale thematic maps and satellite images, in a spatial database. The determining factors of the runoff, on this regional scale, are slopes, rocks and geological formations, soils and land uses. These factors have been selected, analysed and classified step-by-step.

Jean-Yves Loyer, Stéphanie Moriaud, Orstom, Laboratoire d'hydrologie, Montpellier, France, et Luc Descroix, Orstom, Gomez Palacio, Mexique

The joining-up of slopes, soils and land use plans makes it possible to define 21 physical landscape units, of which 19 are practical for hydrological use. After adding the vegetation, 79 biophysical units were defined. Maps of the vegetation in the western Sierra Madre, taken from SPOT images of 1972 and 1992, are shown in this paper to illustrate the evolution of land cover in part of the HR 36 region.

Approche locale

Local approach

De l'aérien au satellite : estimation des ressources en eau

RÉSUMÉ

La télédétection peut s'entendre avec des capteurs multiples, et les informations utiles à l'aménageur peuvent (et doivent) dépasser les seules données satellitaires, souvent difficiles à utiliser au niveau local. Notre exposé est basé sur un ouvrage de synthèse portant sur l'utilisation de données spatiales en Afrique de l'Ouest pour la connaissance de petits bassins versants en vue de leur aménagement. Réalisée pour le compte du Ministère de la coopération, cette synthèse s'appuie sur plusieurs projets, de la Mauritanie au Niger, utilisant des données spatiales de divers supports : photo aérienne de type amateur ou professionnelle, ou images satellite à haute résolution.

Une première partie pose les bases de la réflexion : l'utilisation rationnelle de ces outils passe en effet par une réflexion préalable sur les échelles de travail en fonction des objectifs testés. Les images satellite et les photographies aériennes se situent aux deux bouts de la chaîne de vision actuellement disponible : les échelles de travail vont du 1/100 000 (schéma directeur, niveau régional où l'imagerie satellitaire devient très efficace.) au 1/5 000 (aménagement local pour lequel les photographies aériennes sont précieuses). Ces documents deviennent très utiles pour les zones d'accès difficile, par leur rapidité d'obtention et comme outils de communication. Généralement insuffisants à eux seuls, ils tirent tout leur intérêt de la complémentarité externe avec les informations traditionnelles, et interne par utilisation des différentes échelles.

Quelques exemples d'application pour une meilleure connaissance des bassins versants en Afrique de l'Ouest illustrent ces réflexions : cartographie globale, érosion, plans d'eau, plaques de sol nu, etc.

ABSTRACT

Useful remote sensing data for management do not only consist of satellite images; other sensors are also involved. At the local level, the use of satellite data may prove difficult because of too high resolution. A synthetic work has been carried out on the use of remote sensing in West Africa towards better knowledge of small catchments. Executed on behalf of the French Cooperation Ministry, this study is based on a few projects for the management of catchments ranging from Mauritania to Niger, using various sensors: both professional and amateur aerial photographs and high resolution satellite imagery.

The first section sets out some preliminary considerations and controls: rational uses of these tools in management from global to local stage require interrogation on the scales and objectives to be adapted one to the other. For these objectives, useful scales vary from 1/5 000 to 1/100 000. Aims also vary greatly, going from local ones having great interest in aerial photographs to regional ones where satellite images are very effective. All these data are useful in areas which have difficulty of access, where conventional means are expensive. Rapidity in obtaining data is of great interest. RS data are generally not useful used alone, but became so when combined with other ground data and using various scales.

Christian Puech, CEMAGREF/ENGREF, Montpellier,
et Joël Carette, Consultant, Evry, France

Some examples of applications illustrate their possibilities of use in western Africa catchments: for global cartography, erosion, ponds, bare soil areas, etc.

Assessing water harvesting suitability

RÉSUMÉ

Une méthodologie est proposée pour l'évaluation des régions semi-arides sous l'angle de l'agriculture sous impluvium ['Water Harvesting, WH]. Elle étudie la concentration de ruissellement d'une zone impluvium vers une zone adjacente au sol assez profond pour retenir l'eau reçue pendant la saison agricole. La méthodologie consiste en deux étapes. D'une part elle évalue la pertinence en termes de génération de ruissellement, d'autre part elle étudie son rapport avec l'agriculture. Chacune de ces deux étapes passe par trois 'filtres', qui se forcent de délimiter les zones prometteuses, selon des tests de précision variable, des plus simples mais moins coûteux aux plus avancés mais plus chers, correspondant, respectivement, aux tests sur terrain et aux tests en laboratoire.

La méthodologie propose l'intégration des connaissances sur l'environnement à partir de deux sources que l'on affirme comme fondamentalement compatibles; la télédétection et le savoir indigène de populations locales. La télédétection nous donne une vision à un instant donné, tandis que le savoir local a accumulé une 'vérité terrain' durant plusieurs années. Tous deux sont basés sur des phénomènes effectivement visuels, ce qui donne la clé pour les intégrer. Le savoir local est obtenu au moyen d'un système d'expert, ALES, basé sur la structure FAO, qui sert de cadre conceptuel pour la méthodologie proposée. Ainsi on a un outil qui peut à la fois définir la structure d'une manière concrète et qui offre la possibilité d'incorporer la connaissance des experts locaux. ALES est jumelé à un SIG raster à prix réduit, IDRISI, qui fournit une représentation visuelle et géoréférencée moyennant laquelle on peut travailler avec la population locale pour s'assurer que les intérêts des différents groupements sociaux sont représentés. Ceci est facilité par l'utilisation des techniques d'investigation rurale venant de l'anthropologie.

La logique de la méthodologie est résumée dans les figures 1 et 2. La figure 1 représente la procédure d'évaluation en sa totalité, la figure 2 est un extrait qui illustre l'usage des filtres en considérant l'évaluation du potentiel en termes de ruissellement et en termes de zones de culture. L'usage d'un simulateur de pluie à coût réduit et à faible consommation en eau comme outil privilégié est traité dans le texte; ainsi que le problème du passage entre les mesures sur petites parcelles (test par simulateur) et les régions susceptibles de reconnaissance par images satellitaires. En résumé, les résultats sont prometteurs, mais concernent un travail en cours. Il n'est pas encore possible de se prononcer sur l'utilité finale des mesures ni sur la logique de la méthodologie employée.

ABSTRACT

This paper presents the indicative results of ongoing research aimed at developing an operational methodology with which resource professionals and project planners can assess the suitability of a given semi-arid area for water harvesting [WH]. WH is basically the concentration of rainfall runoff from a runoff zone to a runon zone, effectively multiplying rainfall. It is argued that WH has great potential because it mitigates the primary source of risk in drylands, the spatial and temporal variability of rainfall, but that this potential remains underexploited due to a failure to take social factors and local knowledge into account. A distinction is drawn between Macro and Micro WH, the former being easier

***Eric Patrick**, Geography Department, University College London and School of Oriental and African Studies, University of London, London, UK*

to assess from remote sensing [RS] but having more demanding social implications in terms of collective action and land tenure. A lack of environmental data also hampers successful design. The need for practical and operational guidelines for assessing WH suitability is articulated.

The FAO Framework for Land Evaluation is explained and the logic adapted for WH assessment. A computerized expert system based on the Framework, ALES, is described and the application to WH discussed. ALES allows data input from local experts, facilitated by Participatory Rural Appraisal [PRA], and output in commonly understood map form by linking to a Geographical Information System [GIS]; both encourage participation by local resource managers. It is suggested that PRA be used to stratify the local population into homogenous 'Social Response Units' [SRU] which have common resources and/or anticipated impacts with respect to WH introduction; furthermore, GIS should be used to build scenarios with each SRU in order to assess differential costs and benefits of WH..

An example of one environmental requirement to be assessed, sufficiency of water, is outlined in order to illustrate the logic of the methodology. A nest of 'filters' is proposed which correspond to degrees of precision and commensurate costs; land is evaluated at a level which corresponds to its emerging potential for WH while the assessment procedure runs in an iterative manner, and as a function of objectives and resources. A range of assessment tools are discussed, each associated to a certain level of investigation. The methodology proposes separate tools for runoff and runon areas. For the former rainfall simulation [Rsim] is emphasized, and for the latter a variety of tests based on the single ring infiltrometer. The relevance of indigenous knowledge [IK] to assessment of runoff and runon is examined. The problem of upscaling from $1m^2$ Rsim plots is considered, and in particular the Partial Area Contribution phenomenon. The ways in which ground investigations can be linked to remote sensing are explored and the prospect of using RS to extend the spatial validity of IK suggested. It is argued that RS and IK are fundamentally compatible because both deal with surface, visual characteristics of the land and the latter can add a temporal dimension missing from the former.

De la télédétection à la gestion d'un cadastre irrigation dans la vallée du fleuve Sénégal

RÉSUMÉ

Il est nécessaire que la société chargée de la gestion des eaux du delta du fleuve Sénégal complète son inventaire des parcelles irriguées et obtienne des informations plus détaillées sur la localisation et l'étendue des surfaces réellement en production.

Un projet de coopération visant la spatialisation et la réactualisation en continu du système d'information déjà en place a été mis en oeuvre.

L'absence de cartes et les difficultés de survol ont conduit à l'utilisation de la télédétection. C'est la combinaison SPOT XS et panchromatique adoptée régulièrement chaque année qui a donné les meilleurs résultats dans la constitution du casier irrigation et dans l'inventaire des superficies en riz irrigué.

ABSTRACT

The firm responsible for the management of the waters of the Senegal river delta should complete its inventories of irrigated rice plots and obtain more detailed information on the location and extention of areas presently under production.

A cooperation project was carried out to extend and update the existing information system on a continuous basis.

Lack of maps and flight problems have made it necessary to resort to remote sensing. In establishing the system and inventory of the irrigated rice areas, the combination of SPOT XS and Panchromatic used regularly each year gave the best results.

A. Killmayer
Responsable du département international de GEOSYS, Toulouse, France

Positionnement, productivité et gestion des forages en milieu fissuré de Côte d'Ivoire par télédétection et système d'information géographique

RÉSUMÉ

Les traitements numériques des images satellitaires du bassin de la haute Marahoué ont porté sur les techniques de rehaussement, les composantes principales, le rapport des bandes TM7-TM4/TM7+TM4 et la combinaison TM6+TM7. Les données obtenues ont été intégrées et interprétées à l'intérieur d'un système d'information hydrogéologique à référence spatiale (SIHRS), ce qui a permis d'identifier le complexe volcano-sédimentaire du sillon intracratonique de Boundiali et la masse du granite circonscrit de Séguéla, dont la forme n'a pu être décrite jusqu'à ce jour par les méthodes classiques. Les limites inférieures des fractures ouvertes et le profil d'altération du socle cristallin, capté par de nombreux forages dans la région, ont été précisés par la confection d'un bloc diagramme dans le SIHRS. Une carte des fracturations, couvrant une superficie de 12 500 km^2, illustre assez bien les mégafractures d'importance régionale dans le socle. Elles sont orientées N170-190, N30-60, N80-100 et N120-160 et caractérisent la tectonique cassante en Afrique de l'Ouest. Une étude sectorielle des relations entre les accidents et le réseau hydrographique a révélé que les principaux cours d'eau circulent essentiellement dans les axes tectoniques.

Les écoulements et les possibilités de formation des réservoirs d'eau dans les milieux fissurés peuvent être appréhendés grâce à l'étude des perméabilités induites par les fractures. Cependant, jusqu'à maintenant, les résultats obtenus par cette technique sont restés tributaires de la densité des fractures susceptibles d'être visualisées sur les photographies aériennes classiques. Les images Landsat TM du bassin versant de la haute Marahoué, traitées numériquement et interprétées à l'intérieur du SIHRS, ont considérablement amélioré cette approche grâce à une assez forte densité de fractures (62 fractures en moyenne pour 1,44 km^2 de superficie) repérables sur les images satellitaires rehaussées. En effet, les valeurs des perméabilités induites, obtenues par ce procédé, varient de 0,11 à 0,66 10^{-4} m/s , contre des valeurs de 10^{-8} m/s fournies par les méthodes classiques. Par conséquent, elles sont voisines des perméabilités réelles des terrains fissurés intéressés par l'altération.

Les relations possibles entre les quatre principales directions d'accidents relevées sur les images (NS, NE-SO, E-O et NO-SE) et l'emplacement de 103 forages en exploitation d'une part et la détermination des profils de productivité associés aux directions préférentielles des linéaments de l'autre, montrent que, dans le bassin, 68 % des forages sont implantés à l'intérieur d'un rayon de 200 mètres des linéaments, avec 27 % des forages creusés directement sur le linéament. Tous les forages en exploitation dans le bassin présentent une position plus ou moins idéale par rapport à au moins une direction majeure de linéament, la distance d'éloignement étant de 1,1 km pour les quatre directions. Les accidents NO-SE sont les plus productifs, avec 63 % des débits élevés, compris entre 6 et 14 m^3/h, contre 25 % pour ceux orientés N-S. Ces deux directions ont guidé l'implantation de 62 % des forages de la région.

J.Biémi et J.P. Jourda
CURAT, Centre universitaire de recherche et d'application en télédétection
Université de Cocody, Abidjan, Côte d'Ivoire
S. Deslandes et H. Gwyn
CARTEL, Université de Sherbrooke, Québec, Canada

ABSTRACT

Digital processing of satellite images of the catchment of the Haute Marahoué was mainly based on resolution enhancement techniques, principal components, the ratio TM7-TM4/TM7+TM4 and the combination TM6+TM7. Data obtained were integrated and interpreted within a Spatially Referenced Hydrologic Information System (SRHIS), which made it possible to identify the volcano-sedimentary complex of Boundiali and the localised granite mass of Seguela, whose shape had not yet been accurately described with traditional methods. The lower limits of open fractures and the alteration profile of the crystalline basement, which feed several wells in the region, were better defined with the creation of a block diagramme in the SRHIS. A map of fractures, covering an area of 12 500 km^2, illustrates very well the megafractures of regional importance in the fault plain. They are oriented N170-190, N30-60, N80-100 and N120-160 and characterise fracturing tectonics in West Africa. A sector study on the relationship between the accidents and the hydrographic network revealed that the main rivers essentially flow along the tectonic axes.

Runoff and the possibilities of creating water reservoirs in fractured environments can be evaluated through the study of permeability caused by fractures. Therefore, until today, the results obtained by using this technique remained a function of the density of fractures that could be visualised on traditional aerial photographs. Landsat TM images of the Haute Marahoué watershed, digitally processed and interpreted within a SRHIS, have considerably improved this approach thanks to the high density of fractures (an average of 62 fractures per 1.44 km^2) visible on the enhanced satellite images. In fact, the values of induced permeability, obtained with this procedure vary from 0.11 to 0.66 10^{-4} m/s, against values of 10^{-8} provided by traditional methods. As a consequence, they are close to the actual permeability of the fractured soil interested by the alteration.

The possible relationships between the four main directions of events revealed on the images (NS, NE-SW, E-W and NW-SE) and the positioning of 103 drilling sites on one hand, and the determination of productivity profiles associated with the preferential directions of linear features on the other, show that in the catchment, 68% of the sites are located within 200 meters of the fractures, with 27% of the sites placed directly above the fracture. All the drilling sites in the catchment have a more or less ideal position in relation to at least one major fracture, the distance being of 1.1 km for the four directions. The NW-SE fractures are the most productive, with 63% of the yields being between 6 and 14 m^3/h, against 25% for those oriented N-S. These two directions account for the positioning of 62% of the wells in the region.

Apport de la télédétection dans la mobilisation des ressources en eaux de surface et la gestion du secteur irrigué

Région de la basse vallée de la Medjerda, Tunisie

RÉSUMÉ

L'objectif de cette étude, menée par le Centre national de télédétection en collaboration avec la Direction générale des ressources en eau du Ministère de l'agriculture, est la mise au point d'une méthode intégrant les données satellitaires à haute résolution spatiale HRV de SPOT et TM de LANDSAT pour l'élaboration d'un inventaire cartographique et statistique des ressources en eaux de surface (hydrographie, lacs, barrages, retenues collinaires).

Les objectifs assignés à cette étude sont les suivants :

- établir une cartographie à l'échelle 1/50 000 de toutes les ressources en eau de surface,
- évaluer les potentialités en eaux de surface par rapport à la superficie irriguée dans la région,
- aider à la gestion des ressources à l'aide d'un système d'information géographique.

Dans une première phase, une interprétation analogique d'un tirage d'image SPOT XS sur la zone d'étude prise en 1990 est réalisée dans le but d'identifier les plans d'eau et les zones de grande humidité et d'interpréter visuellement le réseau hydrographique dans le bassin versant de l'oued Medjerda; le même travail a été réalisé sur un tirage d'une image LANDSAT TM de la même zone. Suit une étape de traitements numériques (classification, seuillage) réalisés sur le canal infrarouge SPOT et TM pour extraire le thème eau. Une deuxième phase consiste à analyser les ressources en eaux de surface par rapport aux périmètres irrigués dans la région. Ce traitement permet d'obtenir un document cartographique sur l'évolution spatiale du secteur irrigué.

L'ensemble des résultats numériques obtenus sous forme de couches d'information numérique sur les eaux de surface et complétés d'informations exogènes constitue une base d'informations utiles à la gestion des ressources. L'apport de la télédétection consiste en une cartographie numérique des ressources en eau à partir d'images satellitaires. La base d'information générée par cette étude peut aider à optimiser l'exploitation de cette ressource dans le cadre d'une gestion hydroagricole de la région en fonction des objectifs de la stratégie nationale.

ABSTRACT

The objective of this study, carried out by the National Remote Sensing Centre, in collaboration with the General Directorate for Water Resources of the Ministry of Agriculture, is the development of a method for the integration of high spatial resolution satellite data (HRV of SPOT and TM of Landsat) for the elaboration of statistical and cartographic index of surface water resources (hydrography, lakes, dams, hill reservoirs).

Lamine Aouni
Centre national de télédétection, Tunis, Tunisie

The study has the following objectives:

- prepare a 1/50 000 map of all surface water resources;
- evaluate the potential in surface water in relation to the irrigated surface in the region;
- support resource management through a GIS.

In a first phase, an analog interpretation of a printed SPOT XS image taken in 1990 was used to identify water surface and very moist areas and to visually interpret the hydrological network of the Oued Medjerda watershed. The same work was carried out with a printed Landsat TM image of the same area. This was followed by a phase of digital processing (classification, thresholding) carried out on the infrared band of SPOT and LANDSAT to isolate the water theme. A second phase consisted in analysing the surface water resources in relation to the irrigated perimeters in the region. This treatment provides a map of the spatial evolution of irrigated areas.

All the numeric results obtained in the form of strata of digital information on water surface completed with exogenous information provide a useful basis for water resource management. The contribution or remote sensing consists in a digital map of water resources from satellite data. The information base generated by this study can help in the optimisation of the use of the resource in the framework of rural water management in the region within the objective of the national strategy for the mobilisation of water resources.

Session 3

Modélisation hydrologique et détermination de paramètres

Hydrological modelling and determination of parameters

Caractéristiques hydrologiques des sols

Soil hydrological characteristics

Description et cartographie des états de surface d'un petit bassin versant soudano-sahélien

Région de Bidi, Nord Yatenga, Burkina Faso

RÉSUMÉ

L'objectif de cet article est de présenter une démarche rationnelle permettant l'élaboration d'une typologie et d'une cartographie des formations superficielles d'un petit bassin versant, utilisables à des fins de modélisation hydrologique ou de lutte contre l'érosion. Le petit bassin de Samniwéogo, lieu de cette étude, fait partie du terroir de Bidi. Il est situé dans la province du Yatenga, au Nord-Ouest du Burkina Faso.

Les observations au sol sont effectuées sur un ensemble de 75 sites ponctuels (100 m^2). Elles portent sur le couvert végétal, le sol et son organisation superficielle. La typologie en surfaces de référence du bassin est ensuite établie à partir d'une codification des observations et d'une classification par la méthode des " distances minimum de tri ". La description des neuf surfaces de référence selon la nomenclature proposée par Casenave et Valentin (1989) permet d'envisager la modélisation de leur comportement hydrologique et, par voie de conséquence, la modélisation hydrologique spatialisée du bassin versant.

La cartographie des états de surface est réalisée à partir d'une image SPOT de début de saison des pluies (22-06-1987). Un traitement numérique de l'image définit huit classes radiométriques. Les correspondances entre ces classes radiométriques et les neuf surfaces de référence permettent d'établir un premier document cartographique, complété par une interprétation des photographies aériennes et un levé direct des zones cultivées sur le bassin versant au cours de l'année 1987.

ABSTRACT

The aim of this paper is to present a rational approach used to develop a typology and map the surface features on a small catchment area, in order to model the runoff and control the erosion. The basin of Samniwéogo, in the region of Bidi, is located in north-west Burkina Faso, province of Yatenga.

Ground observations, plant cover, soils and their surface structure, are made on 75 sites (surface area of approximately 100 m^2). The typology of Reference Surfaces is established from a codification and a classification of the observations with the DIMITRI method (DIstances MInimum de TRI). The description of nine Reference Surfaces with the surface features list of Casenave and Valentin (1989) make it possible to model the runoff at the elementary scale .

In mapping the surface features, a SPOT view of the start of the rainy season (22-06-1987) was used and a digital classification made, which defined eight radiometric classes. The relationship between radiometric classes and Reference Surfaces makes it possible to map the natural surface features of the Samniwéogo basin, which was completed with aerial photographs after a survey of the fields during the rainy season 1987.

François Guillet
La Petgola, E8 Cours Malbosc, Montpellier, France

Hydrological analysis of two sub-catchments of the Mareb River (Eritrea)

ABSTRACT

The aim of the present study is the evaluation of surface water resources in Eritrea, by means of remotely sensed data. The study area consists of two sub-catchments of the Mareb river, Shiketi and Emni-Tzellim, situated on the Eritrean highland. These have different morphological and land cover features, while they can be considered quite homogenous from a climatological point of view. They are both closed off by an earth dam, built for irrigation purposes.

A simple model, proposed by the United States Soil Conservation Service (US-SCS), has been utilized to estimate watershed runoff volume. The appropriate Runoff Curve Number has been attributed using, for some factors, remotely sensed data together with "conventional" data. The annual water budget for the two reservoirs has been calculated by taking into account the water inflow, measured by the watershed runoff volume, and the losses, due to evaporation and infiltration. The results have been compared with sedimentation rates of the two reservoirs and with water requirements for irrigation.

RÉSUMÉ

Le but du présent travail a été l'évaluation des ressources hydriques superficielles, avec l'aide de la télédétection, de deux bassins versants du fleuve Mareb dans les hautes plaines de l'Erythrée : les bassins de Shiketi et d'Emni-Tzellim. Ces deux bassins se différencient par la géomorphologie et par la couverture de leurs sols mais présentent des similarités climatiques. Ils sont fermés en aval par deux barrages.

Un modèle, proposé par le Service de la conservation des sols des Etats-Unis (US-SCS), a été utilisé pour estimer l'écoulement annuel des deux bassins versants. Pour certaines unités de paysage, le numéro des courbes de ruissellement (Runoff Curve Number) a été déterminé en utilisant la télédétection. Pour d'autres unités, la méthodologie "traditionnelle" du Département de l'agriculture des Etats-Unis (US-DA) a été conservée. Les apports annuels dans les deux barrages ont ainsi pu être calculés. Les résultats de cette estimation ont été comparés avec la capacité des réservoirs en tenant compte de leur taux de sédimentation. De plus, la prise en compte des besoins en eau d'irrigation a permis de fixer la superficie actuellement irrigable.

Roberto Colombo and P. Sarfatti

Istituto Agronomico per l'Oltremare, Firenze, Italy

Rôle de la télédétection dans l'évaluation et la cartographie des épandages artificiels des crues dans les hautes steppes tunisiennes

RESUMÉ

L'insuffisance et l'irrégularité des précipitations dans les hautes steppes tunisiennes rendent nécessaire le recours à des apports d'eau supplémentaires dans tout effort d'intensification de l'agriculture.

Les différentes civilisations anciennes ont pratiqué des techniques ingénieuses de mobilisation des eaux de ruissellement, parmi lesquelles l'épandage artificiel des crues. Mais, face aux besoins toujours croissants en eau d'irrigation, les agriculteurs des hautes steppes tunisiennes ont eu de plus en plus souvent recours aux eaux des nappes phréatiques, captées par puits de surface équipés de motopompes. Cette "modernisation" de l'agriculture a entraîné un abandon presque total des techniques traditionnelles de mobilisation des eaux, transmises et enrichies de génération en génération et bien adaptées à ce milieu naturel fragile. L'exploitation effrénée de ces nappes a entraîné le rabattement inquiétant de leur niveau piézométrique.

Cette communication tente d'étudier, à partir d'exemples précis, le résultat du retour actuel aux techniques anciennes d'épandage des eaux de crue. Ce retour s'effectue maintenant par la mise en place d'ouvrages modernes de dérivation qui favorisent l'infiltration des eaux de ruissellement pour augmenter la recharge artificielle des nappes phréatiques. Associée aux enquêtes effectuées sur le terrain, la télédétection permet d'évaluer l'étendue des épandages artificiels, de la cartographier et de repérer les sites potentiellement favorables à la mise en place de nouveaux ouvrages.

ABSTRACT

The irregularity and deficit in the rainfall in the High Tunisian Steppes renders irrigation necessary in any effort towards intensification of agriculture.

Various ancient civilisations applied ingenious techniques for the use of runoff water, among which artificial flood spreading. But, with ever-increasing water requirements for irrigation, the farmers in the High Tunisian Steppes have increasingly turned to using groundwater by means of motorpumps in dug wells. This modernization of agriculture has led to the almost total abandonment of traditional water mobilizing techniques, passed on and enriched from one generation to the next. The unrestrained exploitation of that groundwater table has led to a worrying drawdown of its level.

The result of the present return to the old flood spreading techniques is presented in this paper with specific examples. This return now takes place using modern diversion structures which favour infiltration of the surface runoff and increase the recharge of the water table. Remote sensing coupled with ground observations make it possible to evaluate the areas of artificial spreading, to map them and to pinpoint the sites which are suited to the construction of the diversion structures.

***Abdelkarim Daoud**, Faculté des lettres et sciences humaines, Sfax, Tunisie*
***Jean Trautmann**, Université Louis Pasteur, Strasbourg, France*

Apports des modèles numériques de terrain à la modelisation hydrologique

RESUMÉ

Le présent travail s'inscrit dans le cadre de l'étude des problèmes d'érosion en Tunisie réalisée à partir d'un bassin versant expérimental de l'oued Ez-Zioud (Djebel Semmama- Tunisie centrale). Vu les limites d'application offertes par le logiciel DEMIURGE, nous avons été amenés à extraire le bassin versant en question, et à déduire ses caractéristiques géomorphologiques et hydrométriques, à partir du modèle numérique de terrain du bassin versant qui le contient, en l'occurrence celui de l'oued El-Hissiane. Nous avons pu obtenir, par superposition des cartes de pentes et des indices de Beven, les zones hydrologiquement homogènes du bassin versant de l'oued Ez-Zioud.

ABSTRACT

First, we tried to calculate the Digital Elevation Model (DEM) of the Hissiane watershed using the DEMIURGE program. It was thus proved possible to establish a digital topographic map on a wide scale. We extracted the watershed of the Ez-Zioud wadi and deducted its geomorphological and hydrometrical characteristics from the digital ground model of the watershed that contained it, namely the wadi El Hissiane watershed. Using DEM and after registration of the slope map and saturation map, some "identical zones" were obtained.

M. Bergaoui, enseignant chercheur à l'Institution de recherche et de l'enseignement supérieur agricoles, IRESA, et H. Camus, Directeur de recherche, ORSTOM, Tunis,

Apport de la télédétection à l'étude des zones contributives aux écoulements

Cas du site de la mare d'Oursi (Burkina Faso)

RESUMÉ

Une modélisation statistique, à base spatiale, de la relation pluie/débit a été développée et appliquée sur le bassin versant méditerranéen du Réal Collobrier (Var, France). Elle permet d'estimer l'aptitude à l'écoulement d'un zonage défini à partir de données de télédétection, et de produire une analyse en termes de mécanismes hydrologiques. Afin de tester la pertinence, la validité et les possibilités de régionalisation de la méthode, nous l'avons mise en oeuvre sur des bassins versants présentant des conditions différentes de celles du Réal Collobrier, tant du point de vue climatique (Sahel), que du point de vue des mécanismes hydrologiques (ruissellement de surface prépondérant). L'étude est conduite sur le site de la mare d'Oursi (Burkina Faso) et s'appuie sur les travaux de l'ORSTOM. Les résultats de ce test sont présentés et discutés. L'intérêt d'utiliser la télédétection dans le cadre de cette démarche est également traité.

ABSTRACT

A statistical analysis of the rainfall-runoff relation based on spatial data has been developed and applied to a Mediterranean watershed (Réal Collobrier). On the base of a partition obtained by remote sensing analysis, it is possible to assess the runoff capabilities of each area and to analyze the results in terms of hydrological mechanisms. In order to test the interest, validity and possibilities of regionalizing this method, we have developed an approach for watersheds in different climatologic conditions (Sahel) and with different hydrologic processes (runoff is predominant). The study area is the Mare d'Oursi (Burkina Faso) and work carried out by ORSTOM was used. The results are presented here and the interest in the use of remote sensing is also discussed.

Pascal Vine

Laboratoire commun de télédétection CEMAGREF-ENGREF, Montpellier, France

Bilan hydrique

Water balance

Models for determining evapotranspiration

RESUMÉ

L'évapotranspiration réelle peut être calculée à partir du rayonnement net journalier et de la différence entre la température de l'air et de surface des cultures en milieu de journée. Nous proposons d'estimer l'évapotranspiration à l'aide des modèles à une ou deux couches et d'une combinaison d'images Landsat et NOAA, les premières pour connaître la distribution des cultures et les deuxièmes pour déterminer la variation spatiale de la température. Cette méthode permet d'estimer l'évapotranspiration réelle avec une marge d'erreur de 0,9 mm par jour et, en conséquence, de contrôler les besoins d'irrigation.

ABSTRACT

The actual evapotranspiration can be calculated from daily net radiation and the temperature difference between air and crop surface at midday. We propose estimating actual evapotranspiration by using one or two layer models and combining Landsat and NOAA images, the former for defining crop distribution and the latter for determining spatial variation in temperature. This methodology allows for the estimation of actual daily evapotranspiration with an error margin of 0.9 mm day^{-1}, and in consequence to monitor water requirements.

E. Hurtado and M.M. Artigao, *Department of Applied Physics, Polytechnical College of Albacete, University of Castilla-La Mancha, Albacete, and* ***V. Caselles,*** *Department of Thermodynamics, Faculty of Physics, University of Valencia, Burjassot, Spain*

Reconstitution de chroniques de données hydrologiques anciennes par télédétection

RESUMÉ

Les images satellite SPOT sont utilisées pour la caractérisation des plans d'eau sahéliens en zones de mauvaise connaissance cartographique. Une première partie montre comment générer une information sur la cubature des plans d'eau par mélange d'informations de télédétection (surfaces en eau), climatologie (évaporation) et connaissance du relief de la zone (forme régionale pour les courbes de cubature). La méthode proposée est simple et opérationelle. Elle devient économiquement intéressante lorsque plusieurs plans d'eau sont présents dans la même image. Une deuxième partie utilise cette information de cubature pour définir le volume stocké à un instant donné à partir de toute image d'archives. Les particularités hydrologiques des plans d'eau sahéliens permettent d'en déduire des chroniques annuelles sur les apports. Une application concrète est montrée au Niger.

ABSTRACT

SPOT images are used to characterize small Sahelian lakes, in areas with bad cartographic data. In the first part, the volumetric curves representing lakes are generated through a method that mixes remote sensing images (water areas), climatological data (evaporation) and relief information (regional adjustments for the volumetric curves). This method is simple and operational and becomes economically useful when various lakes are within the same SPOT image frame. In a second part, the volumetric curves are used to get daily volume information from every archival image. Due to the Sahelian hydrological specificities, these volumes can be transformed into chronicles of yearly amounts of water. The application concerns Niger.

***Abdou Ousmane**, Ministère de l'hydraulique et de l'environnement,*
Direction des ressources en eau, Niamey, Niger

Estimation of real evapotranspiration

Abstract

Remotely sensed surface temperatures (i.e., radiative surface temperatures) have been widely used in estimating spatially distributed energy balance equation components. The general approach consists of estimating the sensitive heat flux and available energy from micrometeorological and optical/thermal infrared remotely sensed data. Actual evapotranspiration is then derived as the residual term of the one-dimensional energy balance equation.

While this approach has been found to be successful over surfaces with near full canopy cover with unstressed transpiration, its performance has been questioned over sparsely vegetated surfaces. The problem is that over such heterogeneous surfaces, remotely sensed surface temperature cannot be assimilated to aerodynamic surface temperature which is the quantity needed to formulate convective flux. One operational solution is to relate empirically remotely sensed radiative surface temperature to aerodynamic surface temperature. This solution is limited by the fact that it is site-specific. The objective of this study is to test the performance of a method using data taken over a semi-arid site in Arizona. Comparisons between measured and remotely sensed surface energy fluxes is presented. Finally, the principle of a new and robust approach of using remotely sensed data will be outlined.

Resumé

La mesure de température radiative de surface est largement utilisée pour une estimation distribuée des éléments de l'équation de bilan d'énergie. L'approche générale consiste à estimer le flux de chaleur sensible et l'énergie disponible à partir de données micro-météorologiques et d'images de télédétection en infrarouge thermique. L'évapotranspiration réelle est alors estimée par le terme résidu dans l'équation de bilan.

Bien que cette approche ait été appliquée avec succès sur des zones à canopée fermée et avec une transpiration sans stress hydrique, ses performances sont remises en cause en zone de végétation éparse. Le problème vient de ce qu'en de telles zones hétérogènes, la température de surface télédétectée ne peut être assimilée à la température aérodynamique qui est la quantité entrant dans la formulation du flux convectif. Une solution opérationelle consiste à relier la température de surface télédétectée à la température aérodynamique. Cette solution est limitée par le fait qu'elle est spécifique du site d'étude.

L'objectif de cette étude est de tester la performance de la méthode sur un site semi-aride de l'Arizona. Des comparaisons entre les flux d'énergie mesurés et estimés par télédétection sont présentées. Finalement, le principe d'une approche nouvelle et robuste utilisant la télédétection est esquissé.

***A. Chehbouni**, ORSTOM, Départ. TOA, Montpellier, France*
***J. Qi**, USDA-ARS, Water Conservation Laboratory, Phoenix, Arizona, USA*
***D. Lo Seen**, CIRAD-CA, Maison de la Télédétection, Montpellier, France*
***Y.H. Kerr and G. Dedieu**, CESBIO, Toulouse, France*
***S. Moran**, USDA-ARS, Water Conservation Laboratory, Phoenix, Arizona, USA*
***M. Daubas**, CESBIO, Toulouse, France*
***B.M. Monteny**, ORSTOM, Départ. TOA, Montpellier, France*

Télédétection et prévision des crues : l'exemple du fleuve Gambie

RESUMÉ

Parmi les nombreuses possibilités offertes par la télédétection figure la détermination du niveau d'eau à partir de l'imagerie radar. L'avènement de satellites ayant à leur bord des radars altimétriques (Geosat, Seasat, Eros-1, et plus récemment TOPEX/Poseidon), a permis aux hydrologues de mesurer les niveaux d'eau à la précision du centimètre. L'entrée d'un modèle de propagation est généralement constituée par les débits. Cependant, sur une section stable, suffisamment large, avec une courbe de tarage univoque, le débit peut être obtenu à partir du tirant d'eau H, que l'on peut relier aux niveaux d'eau grâce aux échelles de crue. La méthode de prévision que nous allons présenter est basée sur l'utilisation des tirants d'eau ou des niveaux d'eau comme données d'entrées. Elle permet de calculer la hauteur à l'échelle en une station donnée, connaissant la hauteur à l'échelle en une autre station située en amont, en supposant vérifiée l'hypothèse de l'onde cinématique, et en s'inspirant de la méthode des caractéristiques. Compte tenu de la difficulté d'intégrer les caractéristiques hydrauliques et géométriques du cours d'eau et de la section, on utilise une approche stochastique, basée sur de longues séries d'observations de niveaux. Une application est faite sur le bief Kédougou-Mako du fleuve Gambie.

ABSTRACT

Remote sensing techniques offer many opportunities to hydrological sciences. One of these is the estimation of water surface levels by using radar imagery. Satellites with radar altimeters (Geosat, Seasat, Eros-1, and the recent TOPEX/Poseidon) on board allow hydrologists to measure river levels within a centimetre with frequent repeat cycles. Hydraulic model inputs are generally discharges, but remote sensing techniques cannot directly estimate these discharges. When a river is wide enough, and has a stable section-discharge relationship, discharges can be estimated from measurements of river levels using a radar altimeter. In this paper, we develop a flood forecasting method using river levels as inputs based on the kinematic wave model and the characteristics method. Since hydraulical and geometrical features of the river are always changing, a stochastical approach is preferred, using a long sequence of river level measurements between two stream gauging stations. Application of this method is made on the Gambia River, between Kédougou and Mako.

***Soussou Sambou**, Université Cheikh Anta Diop,*
Faculté des sciences, Département de physique, Dakar, Sénégal
***Jean-Pierre Lamagat**, ORSTOM HYDROCONSULT, Montpellier, France*

Estimation des crues des petits bassins africains : réflexion sur l'utilisation de la télédétection

RESUMÉ

Une analyse statistique effectuée sur un jeu de données de crues d'une série de bassins versants africains étudiés par l'ORSTOM permet de mettre en évidence certaines variables explicatives des fonctions de production et de transfert. Fondée sur une sélection sévère des données les plus pertinents, cette analyse montre l'effet positif de la végétation sur l'infiltration en région sahélienne. Dans les régions plus humides (Afrique tropicale), où la végétation est dense, c'est la densité de drainage qui explique le mieux les différences d'écoulement entre les bassins versants : les crues sont plus volumineuses lorsque la densité de drainage est élevée. Une analyse comparable effectuée au sujet des vitesses de transfert révèle les effets de la densité de drainage et de la pente sur la forme des hydrogrammes.

Parmi un grand nombre de variables candidates, les plus explicatives sont donc la végétation, la densité de drainage et les pentes. Elles sont toutes déterminées très approximativement dans les démarches classiques. Les outils d'observation de l'espace doivent apporter des informations beaucoup plus fines pour caractériser chacune d'elles. C'est le défi que la télédétection satellitaire et les autres moyens d'observation de la terre doivent relever pour améliorer nos connaissances hydrologiques.

ABSTRACT

A statistical analysis was carried out with flood data collected by ORSTOM functions on a series of catchments in Africa. It made it possible to identify the variables explaining loss and transfer. The study shows that infiltration is correlated with vegetation in sahelian countries. In humid regions (tropical Africa), where vegetation density is high, the drainage density becomes the most important variable: floods are stronger when drainage density is high. A similar analysis is done for flood routine velocity. It shows that the shape of the hydrographs is a function of drainage density and slope.

Classical methods give very rough estimates of each of these variables, vegetation, drainage density and slope. Earth observation tools can provide a much more accurate way of assessing these variables. It is the main challenge remote sensing faces in order to contribute to a better understanding of hydrological processes.

J.M. Grésillon, Laboratoire d'étude des transferts en hydrologie et environnement, Grenoble; Centre de développement des géosciences appliquées, Université Bordeaux, Talence, France

Télédétection et modélisation hydrologique : quelle vision, quelle échelle, quels processus ?

RESUMÉ

La modélisation hydrologique peut se faire selon divers niveaux d'agrégation, depuis une approche globale jusqu'à un schéma très finement distribué. L'utilisation de données issues de télédétection pose le problème de l'adéquation entre besoins de l'hydrologie (liés aux processus de ruissellement) et disponibilités en vision (description de surface). Plusieurs échelles de travail peuvent être utilisées, depuis la globalité du bassin versant en passant par le versant hydrologique et, bien sûr, le pixel issu des images de télédétection. L'approche spatiale incite à utiliser les tailles les plus fines, mais l'augmentation de complexité des modèles qui en résulte est souvent sans lien avec la qualité des résultats numériques.

Dans une première partie, ce document traite de considérations générales sur l'adéquation entre besoins de la modélisation hydrologique et disponibilités offertes par les images de télédétection, notamment sur l'importance de préserver une cohérence entre vision, processus et échelle, dont le changement peut perturber la validité des modélisations, concepts ou paramètres.

En deuxième partie est présentée une illustration de liaison à travers la cartographie des états de surface du Sahel effectuée dans le cadre du projet FAO pour la connaissance de débits. Sont décrits le choix des processus et de l'échelle de travail, le type de résultats et leur qualité ainsi que les problèmes rencontrés pour passer du pixel au bassin versant. Les écoulements de surface étant prépondérants, nous avons testé une modélisation de la fonction de production locale à l'échelle du pixel SPOT.

ABSTRACT

Hydrological modelling can be done at various scale levels, from global to finely distributed models. Using remotely sensed data we have to link needs in hydrology (due to runoff processes) with possible viewing (surface description). Various scales are possible from the global basin itself, through sub-basins down to pixel. When using a spatial data approach, we are interested in small sizes, but narrower sizes give more complexity without better accuracy.

The first section gives general considerations about the links between hydrological needs and remote sensing possibilities, especially on scale dependence for runoff processes and equations.

The second section gives an illustration of the mapping of surface features in Sahelian countries carried out under an FAO project. We describe the choice of processes (surface runoff as a major process in Sahelian countries), hydrologic scale (pixel), results, quality and some problems due to scale effects from pixel to the whole catchment.

Christian Puech, Laboratoire commun de télédétection CEMAGREF/ENGREF (LCT), Maison de la Télédétection, Montpellier, France

Télédétection spatiale et modélisation du fonctionnement hydrologique des petits bassins versants

I. Problématique de la modélisation

RESUMÉ

En dépit des progrès fondamentaux accomplis dans la compréhension des cheminements de l'eau, les modèles hydrologiques, même les plus sophistiqués, ne permettent de prédire avec confiance ni les flux internes à un petit bassin, ni même les débits à son exutoire.

ABSTRACT

Despite fundamental progress in the understanding of runoff processes, it is argued that even the most sophisticated models do not allow for a sure prediction of the internal fluxes within a catchment. This must also cast doubt on predictions made in terms of discharge.

Philippe Gineste
Laboratoire commun de télédétection, CEMAGREF-ENGREF, Montpellier, France

Télédétection spatiale et modélisation du fonctionnement hydrologique des petits bassins versants

II. Etat de l'art du couplage et perspectives des hyperfréquences

RESUMÉ

Si la télédétection optique n'a guère permis de caractériser le fonctionnement hydrologique des petits bassins versants, elle semble permettre en revanche d'envisager, dans les régions arides à semi-arides, de prédire la réponse d'un bassin à la pluie sans en mesurer le débit à l'exutoire. L'avènement de l'imagerie radar, de par sa sensibilité à l'humidité superficielle des sols, offre par ailleurs en milieu humide à tempéré notamment, de précieuses perspectives d'étude des processus du ruissellement à l'échelle d'un bassin et un fort potentiel d'amélioration des prédictions des modèles.

ABSTRACT

Even if remote sensing did not yield a better understanding of the functioning of small catchments yet for arid to semi-arid areas it points towards the prediction of an outlet discharge without any prior measurement. Because of its sensitivity to superficial soil moisture, radar imagery, especially in humid to temperate climates, offers valuable possibilities both to study the runoff generating processes at the catchment scale and to improve the predictions of the models.

Philippe Gineste
Laboratoire commun de télédétection, CEMAGREF-ENGREF, Montpellier, France

Modélisation hydrologique de petits bassins versants ruraux sahéliens : apport de la télédétection et des systèmes d'information géographique pour la détermination des paramètres

RESUMÉ

Dans la région sahélienne, en Afrique subsaharienne, le ruissellement de surface est pratiquement la seule forme d'écoulement observée sur les bassins. Son importance dépend en partie de l'aptitude au ruissellement du bassin.

Dans cette étude, le paramètre numérique de ruissellement (CN, de la méthode SCS) est associé à un modèle paramétrique pluie-débit (modèle SWRRB), conduisant à l'estimation de volumes de crue journaliers au niveau de quelques bassins sahéliens (mare d'Oursi au Burkina Faso). L'utilisation conjointe de la télédétection et des systèmes d'information géographique élargit l'horizon de la recherche en permettant la détermination synthétique du potentiel de ruissellement. La démarche est significative et conduit à une modélisation satisfaisante des écoulements.

ABSTRACT

In the Sahelian zone, as for the whole subSaharan area, surface runoff is in fact the single form of flow which is observed on the basins. Its importance is largely due to the runoff capacity of the basin.

In this paper, the numerical runoff parameter (CN from the SCS method) is associated with a hydrological parametrical model (SWRRB) leading to the estimation of the daily flood volumes of some Sahelian basins in the region of Oursi, in northern Burkina Faso. The use of remote sensing coupled with the Geographical Information System widens the outlook of the research making possible the synthetic determination of the runoff potential. This approach is significant and leads to a satisfactory modelling of flows in the Sahelian zone.

***A. Nonguierma**, Centre régional AGRHYMET, Niamey, Niger*

***S. Dautrebande**, Faculté des sciences agronomiques de Gembloux, Gembloux, Belgique*

Application du modèle GRASS/ANSWERS à la modélisation hydrologique d'un petit bassin versant d'Afrique de l'Ouest

RESUMÉ

Le modèle hydrologique ANSWERS, couplé au système d'information géographique GRASS, a été utilisé pour simuler les écoulements dans un petit bassin versant d'Afrique de l'Ouest (16,2 km²). Les données disponibles ont permis de reconstituer 24 événements pluie/débit enregistrés entre 1983 et 1990. Les informations concernant les sols et la végétation ont été extraites d'une scène LANDSAT-TM et les données topographiques d'une couverture de photographies aériennes. La faible densité des courbes de niveau a engendré un modèle numérique de terrain peu précis, même si les limites du bassin versant sont correctement respectées. Parmi les nombreux paramètres indispensables au modèle hydrologique, certains ont pu être estimés à partir de données expérimentales mais quatre d'entre eux ont dû faire l'objet d'un calage en utilisant l'hydrogramme théorique associé à la pluie d'occurrence décennale.

Les simulations des 24 couples pluie/débit donnent des résultats corrects concernant les volumes écoulés, hormis les événements les plus importants qui sont nettement surévalués. En revanche, les cinétiques de crue montrent une forte distorsion par rapport aux données observées.

ABSTRACT

The ANSWERS simulation model, linked with the Geographic Information System GRASS, was used to model the hydrological behavior of a small watershed in Western Africa (16.2 km²). Soil and vegetation cover maps were extracted from a LANDSAT-TM digital picture, contour lines were plotted from aerial photographs and 24 rainfall/ discharge occurrences, monitored between 1983 and 1990, were available. The weak density of contour lines led to an imprecise digital elevation model, although watershed boundaries were satisfactorily plotted. Among the parameters needed to run the simulation model four of them had to be calibrated, using the hydrograph corresponding to the decennial rainfall.

Results from the 24 hydrological events were satisfactory in terms of volume but the characteristics of the hydrographs were far from reality.

***Pascal Perez**, CIRAD-CA, URGE, Montpellier, France*
***Damien Urvoix**, USTL, Faculté des sciences, Montpellier, France*
***Michel Arnaud**, CIRAD-CA, URFCM, Montpellier, France*

MHM : le modèle hydrologique maillé

Resumé

Dans le contexte actuel de la politique de gestion durable de notre environnement, la compréhension de l'évolution des phénomènes naturels ou anthropiques est d'importance capitale pour une meilleure gestion des ressources. A cet égard, la modélisation hydrologique est un outil indispensable.

Dans le cadre du travail présenté ici, une méthodologie originale a été développée pour l'analyse qualitative et pour l'évaluation quantitative de l'impact de l'évolution des caractéristiques physiques d'un bassin sur le régime d'une rivière. Ce modèle hydrologique maillé, baptisé « MHM », répond à un double objectif. D'une part, sa fonction proprement hydrologique consiste à simuler les hydrogrammes de crues exceptionnelles pour le dimensionnement d'ouvrages d'art . D'autre part, vu qu'il est basé sur la répartition spatiale de ses paramètres selon la variabilité des caractéristiques physiques du bassin, il permet le suivi de la modification du régime des crues en fonction de l'évolution spatio-temporelle de l'environnement suite à un phénomène naturel ou due à l'activité humaine.

Abstract

In the present context of a policy for a sustainable management of the environment, understanding the evolution of natural and human phenomena is highly important in order to improve resource management. To this end a hydrological model is an essential tool.

An original methodology is presented in this paper. It was developed for the qualitative analysis and quantitative evaluation of the impact of the evolution of the physical characteristics of a basin on the regime of a river. This meshed hydrological model, named « MHM », is directed at two objectives. On the one hand, its hydrological function consists of simulating exceptional flooding for the evaluation of the structures needed. On the other hand, in view of the fact that it is based on the distribution of the parameters in accordance with the physical characteristics of the basin, MHM makes it possible to observe the modification of the flow rate with the spatial and temporal evolution of the environment following a natural phenomenon or human activities.

***A. El Idrissi**, Doctorant à l'Université catholique de Louvain*

***E. Persoons**, Professeur à l'Université catholique de Louvain, Faculté des sciences agronomiques, Louvain la Neuve, Belgique*

Annexe 1

Programme

Mercredi/Wednesday 29 novembre/November 1995

PRESENTATION

09.00 Ouverture de l'atelier
Présentation de l'atelier / Workshop presentation :
Les nouvelles méthodologies au service de l'hydrologie : télédétection, SIG
New methodologies for hydrology : Remote Sensing and GIS.

09.40 PALLAS P., FAURES J.M.(FAO, Rome)
Manuel pour l'estimation des crues et apports en Afrique sahélienne et tropicale sèche.

10.00 NOUVELOT J.F., LAMACHERE J.M. (ORSTOM, Montpellier)
Manuel FAO : Le logiciel Sahel.

10.20 Pause café

A. GESTION DES RESSOURCES / WATER MANAGEMENT

A1. Approche régionale / regional approach

10.50 LOINTIER Marc (ORSTOM, Montpellier)
Gestion intégrée des bassins versants côtiers et des zones humides en milieu tropical. Apport de la télédétection.

11.10 FAURES J.M., BOUSQUET Mathieu (FAO, Rome)
Regional assessment of water resources with Arcinfo. Case study of the Niger river basin
Evaluation régionale des ressources en eau au moyen d'un SIG - le cas du bassin du Niger.

11.30 BOUSQUET M., FAURES J.M. (FAO, Rome)
Assessment of irrigation potential in africa using Arcinfo
Evaluation du potentiel d'irrigation pour l'Afrique à l'aide d'Arcinfo.

11.50 SAVANE Issiaka (Institut d'Ecologie Tropicale, Abidjan, Côte d'Ivoire),
GOZE B et H.Q. GVYN (CARTEL, Univ Sherbrooke, Canada)
Evaluation des ressources en eaux souterraines dans le socle par l'étude des fractures à l'aide des données Landsat dans le bassin d'Odienné.

12.10 ARIAS ROJO H.M., SAIZ J., WATTS C. (Mexique)
Natural Resource Management in Sonora, Mexico, using AVHRR Images.

12.30 Pause repas

14.00 NGUYEN XUAN DAO (Université Catholique de Louvain, Belgique)
Suivi des problèmes de gestion de l'eau d'irrigation dans le delta du Fleuve Rouge à l'aide des données SAR.

14.20 BEN AMOR S., MAKHLOUF A. (CNT, Tunis) et DUTARTRE P. (BRGM)
Utilisation de la télédétection pour la sélection des sites favorables à l'implantation des retenues collinaires et l'aménagement des bassins versants. région de Béja - Tunisie.

14.40 TRAORE Karim (DRH/HB, Bobo Dioulasso, Burkina Faso)
La planification comme moyen d'appui à la planification des ressources en eau ; cas du sud-ouest du Burkina Faso

15.00 DESCROIX Luc (ORSTOM, Mexique)
Application de la télédétection à l'évaluation des ressources en eau de la région hydrologique 36 (Nord Mexique).

15.20 Discussion thème A1

15.50 Pause

A. GESTION DES RESSOURCES / WATER MANAGEMENT
A2. Approche locale / local approach

16.20 PUECH Christian (LCT, Montpellier), Joël CARETTE (Consultant, Ivry)
De l'aérien au satellite : évaluation des ressources en eau.

16.40 PATRICK Eric (University College, London, UK)
Using Remote Sensing and Anthropology as data inputs into a GIS to optimize site location of water harvesting schemes in semi-arid Africa.

17.00 KILLMAYER A (GEOSYS, Toulouse)
De la télédétection à la gestion d'un «cadastre irrigation» dans le delta du fleuve Sénégal.

17.20 BIEMI J. , JOURDA J.P. (Univ.. Nle de Côte d'Ivoire), DESLANDES S. , GVYN H. (CARTEL, Univ Sherbrooke, Québec)
Positionnement, productivité et gestion des forages en milieu fissuré de Côte d'Ivoire par télédétection et SIG.

18.00 Apéritif offert à la Maison de la Télédétection

Jeudi/Thursday 30 novembre/November 1995

9.00 AOUNI L. (CNT Tunis)
Apport de la télédétection dans la mobilisation des ressources en eau de surface et la gestion du secteur irrigué (région de la basse vallée de la Medjerda).

9.20 Mohamed Rachid EL MESLOUHI (DGH, Rabat, Maroc)
Etude hydrogéologique par télédétection du bassin hydrogéologique de Taza

9.40 NGUETORA Madira (EIER, Ouagadougou)
SIG et gestion des ressources en eau d'un bassin versant africain.

10.00 Discussion thème A2

10.30 Pause café

B. MODELISATION HYDROLOGIQUE ET DETERMINATION DE PARAMETRES
HYDROLOGICAL MODELLING AND DETERMINATION OF PARAMETERS

B1. Caractéristiques hydroloques des sols / Soil hydrological characteristics

11.00 LAMACHERE J.M. (ORSTOM Montpellier)
Télédétection, états de surface et observations au sol.

11.20 LAMACHERE J.M.(ORSTOM Montpellier), PUECH C. (LCT)
Télédétection et cartographie des états de surface

11.40 GUILLET François (ORSTOM/CIRAD)
Etats de surface et hydrologie sur un petit bassin versant soudano-sahélien du nord Yatenga.

12.00 GUILLET François (ORSTOM/CIRAD), J.M. LAMACHERE (ORSTOM)
Transformation des états de surface et modélisation hydrologique sur le petit bassin versant de Samniweogo (Région de Bidi, Province du Yatenga, Burkina Faso).

12.30 Pause repas

Jeudi/Thursday 30 novembre/November 1995

14.00 COLOMBO R., MARTUCCI A., ONGARO L., SARFATTI P. (Ist. Agro. per l'Oltremare, Firenze, Italie)
Remote sensing for hydrological analysis of two sub-catchments of the Mareb river (Eritrea).

14.20 BERGAOUI M., CAMUS H.(ORSTOM, Tunis)
Caractérisation des zones homogènes pour des fins de modélisation hydrologique.

14.40 VINÉ Pascal (LCT CEMAGREF/ENGREF, Montpellier)
Apport de la télédétection à l'étude des zones contributives aux écoulements. Cas du site de la Mare d'Oursi (Burkina Faso).

15.00 DAOUD Abdelkarim (Fac. Lettres S. Humaines, Sfax, Tunisie), TRAUTMANN J. (CNRS CEREG, URA 95, Strasbourg)
Rôle de la télédétection dans l'évaluation et la cartographie des épandages artificiels des crues dans les hautes steppes tunisiennes.

15.20 Discussion thème B1

15.50 Pause

B. MODÉLISATION HYDROLOGIQUE ET DÉTERMINATION DE PARAMÈTRES
HYDROLOGICAL MODELLING AND DETERMINATION OF PARAMETERS

B2. Bilan hydrique / Water balance

16.20 Emilia HURTADO SANTI (Universidad de Castilla - La Mancha, Albacete,), V. CASELLES (Univ. de Valencia), M.M. ARTIGAO (Albacete, Espagne)
Using one or two layer models for determining evapotranspiration with remotely sensed data.

16.40 CHEHBOUNI Aghani (ORSTOM Montpellier), D. LO SEEN (NASA), G. DEDIEU (CESBIO, Toulouse), M. DAUBAS (USDA) et B. MONTENY
Utilisation de la télédétection spatiale pour l'estimation de l'évapotranspiration réelle.

17.00 TROUFLEAU D. (LCT CEMAGREF/ENGREF, Montpellier)
Evaporation et télédétection infrarouge thermique en zone aride et semi aride.
Mapping real evapotranspiration over arid and semi-arid regions from IRT

17.20 OUSMANE Abdou (Min. Hydraulique, Niamey, Niger)
Reconstitution de chroniques de données hydrologiques anciennes par télédétection (mares du Niger).

17.40-18h10 Discussion thème B2

Vendredi/Friday 1 décembre/December 1995

B. MODELISATION HYDROLOGIQUE ET DETERMINATION DE PARAMETRES
HYDROLOGICAL MODELLING AND DETERMINATION OF PARAMETERS

B3. Modèles hydrologiques / Hydrological models

9.00 SAMBOU Soussou (Univ. Cheikh Anta Diop., Dakar, Sénégal), J.P. LAMAGAT (ORSTOM, HYDROCONSULT, Montpellier)
Modèle stochastique de prévision des crues sur le fleuve Gambie.

9.20 SAMBOU Soussou (Univ.Cheikh Anta Diop. Dakar, Sénégal), J. ALBERGEL (ORSTOM, Dakar), A. NONGUIERMA (Gembloux, Belgique)
Modèle hydrologique et gestion d'une digue anti-sel : cas du bas fond de Ajiguinoum.

9.40 PUECH C.(LCT CEMAGREF/ENGREF, Montpellier)
Télédétection et modélisation hydrologique : quelle vision, quelle échelle, quels processus ?

10.00 GRESILLON J.M (LTHE, Université de Grenoble)
Estimation des crues au Sahel. Réflexion sur l'utilisation de la télédétection pour la prédétermination.

10.20 Pause café

10.50 GINESTE P (LCT CEMAGREF/ENGREF, Montpellier)
Télédétection radar pour la modélisation des crues.

11.10 NONGUIERMA A.(Fac Sciences Agro. Gembloux, Belgique)
Modélisation hydrologique de petits bassins ruraux sahéliens : Apport de la télédétection et des S.I.G

11.30 PEREZ Pascal (CIRAD CA Montpellier), URVOIX D. (USTL Montpellier), ARNAUD M.(CIRAD C.A., Montpellier)
Application du modèle GRASS-ANSWERS à la modélisation hydrologique d'un petit bassin versant d'Afrique de l'Ouest.

11.50 PERSOONS E et RANDRIAMAHERISOA A. (Université Catholique de Louvain, Belgique)
M.H.M. : Le modèle hydrologique maillé.

12.10 Discussion thème B3

12.40 Discusion générale / General discussion

13.00 Clôture de l'atelier / Closure of the workshop

Annexe 2

Liste des participants
List of participants

Monsieur Akpa **AKA**
ORSTOM
06 BP1203 Abidjan Cedex
Côte d'Ivoire

Monsieur Olivier **AMRAM**
CESBIO
BP. 2801
18, Av. Edouard Belin
31055 Toulouse Cedex, France

Monsieur Patrick **ANDRIEUX**
ENSAM
2, Place Pierre Viala
34060 Montpellier Cedex 1, France

Monsieur **AOUNI**
CNT
B.P.331
1002 Tunis, Tunisie

Dr. H.M. **ARIAS ROJO**
CIDESON
Reyes y Aquascalientes
83190, Hermosillo
Sonora, Mexico

Monsieur Michel **ARNAUD**
CIRAD
2477, Av. du Val de Montferrand
B.P. 5035
34032 Montpellier Cedex 1, France

Madame Agnès **BEGUE**
CIRAD
2477, Av. du Val de Montferrand
B.P. 5035
34032 Montpellier Cedex 1, France

Monsieur S. **BEN AMOR**
CNT
B.P. 200
1080 Tunis Cedex, Tunisie

Monsieur M. **BERGAOUI**
ORSTOM
5, Impasse Chahrazed El Menzah IV
B.P.434
1004 Tunis, Tunisie

Monsieur Frédéric **BORNE**
CIRAD
2477, Av. du Val de Montferrand
B.P. 5035
34032 Montpellier Cedex 1, France

Monsieur François **BOUSQUET**
CIRAD
2477, Av. du Val de Montferrand
B.P. 5035
34032 Montpellier Cedex 1, France

Monsieur Mathieu **BOUSQUET**
FAO
Service des eaux : ressources, mise en valeur et aménagement
Viale delle Terme di Caracalla
00100 Rome, Italie

Monsieur Bernard **CAPPELAERE**
ORSTOM
911, Av Agropolis
B.P. 5045
34032 Montpellier Cedex 1, France

MonsieurPaul **CARRE**
ORSTOM
911, Av Agropolis
B.P. 5045
34032 Montpellier Cedex 1, France

Madame Régine **CHAUME**
ORSTOM
911, Av Agropolis
B.P. 5045
34032 Montpellier Cedex 1, France

Monsieur Ghani **CHEHBOUNI**
ORSTOM
911, Av. Agropolis
B.P. 5045
34032 Montpellier Cedex 1, France

Selma **CHERCHALI**
CESBIO
BP. 2801
18, Av. Edouard Belin
31055 Toulouse Cedex, France

Monsieur Pierre **CHEVALLIER**
ORSTOM
911, Av Agropolis
B.P. 5045
34032 Montpellier Cedex 1, France

Monsieur R. **COLOMBO**
Ist. Agro Oltremare
Via Cochi 4
50131 Firenze, Italie

Monsieur Abdelkarim **DAOUD**
FLSH SFAX
Faculté des Lettres et Sciences Humaines
Sfax, Tunisie

Monsieur Gérard **De WISPELAERE**
CIRAD
2477, Av. du Val de Montferrand
B.P. 5035
34032 Montpellier Cedex 1, France

Monsieur François **DELCLAUD**
ORSTOM
911, Av Agropolis
B.P. 5045
34032 Montpellier Cedex 1, France

Monsieur Jean-Philippe **DENUX**
ESAP
75, Voie du Toëc
31076 Toulouse Cedex, France

Monsieur Christian **DEPRAETERE**
ORSTOM
911, Av Agropolis
B.P. 5045
34032 Montpellier Cedex 1, France

Monsieur Jean- Christiophe **DESCONNETS**
ORSTOM
911, Av Agropolis
B.P. 5045
34032 Montpellier Cedex 1, France

Madame Nadine **DESSAY**
ORSTOM
911, Av Agropolis
B.P. 5045
34032 Montpellier Cedex 1, France

Monsieur J.M. **FAURES**
FAO
Service des eaux : ressources, mise en valeur et aménagement
Viale delle Terme di Caracalla
00100 Rome, Italie

Monsieur Jon **FINCH**
Institute of Hydrology
OXIO 8 BB Wallingford
United Kingdom

Monsieur Jean-Marie **FOTSING**
ORSTOM
Maison de la Télédétection
500 rue Jean François Breton
34093 MONTPELLIER Cedex 5, France

Madame Sylvie **GALLE**
ORSTOM
911, Av Agropolis
B.P. 5045
34032 Montpellier Cedex 1, France

Monsieur Philippe **GINESTE**
LCT Cemagref/ENGREF
500, rue J.F. Breton
34093 MONTPELLIER CEDEX 5, France

Madame Pierrette **GOUAUX**
CESBIO
BPI 2801
18, Av. Edouard Belin
31055 Toulouse Cedex, France

Monsieur Christian **GOUNEL**
CIRAD
2477, Av. du Val de Montferrand
B.P. 5035
34032 Montpellier Cedex 1, France

Madame Caroline **GREGOIRE HIMLER**
ENGEES
1, Quai Koch
B.P. 1039 F
67070 Strasbourg Cedex, France

Monsieur J.M. **GRESILLON**
Laboratoire CDGA
Avenue des Facultés
33 Talence, France

Monsieur François **GUILLET**
ORSTOM/CIRAD
911, Av. Agropolise
B.P. 5045
34032 Montpellier Cedex 1, France

Monsieur A. **KILLMAYER**
GEOSYS
3, rue Hermès
Parc Technologique de Toulouse
31526 Ramonville Cedex, France

Monsieur Gérard **LAINE**
CIRAD
2477, Av. du Val de Montferrand
B.P. 5035
34032 Montpellier Cedex 1, France

Monsieur J.M. **LAMACHERE**
ORSTOM
911, Av. Agropolis
B.P. 5045
34032 Montpellier Cedex 1, France

Monsieur Henri **LAURENT**
ORSTOM
911, Av Agropolis
B.P. 5045
34032 Montpellier Cedex 1, France

Monsieur François **LAURENT**
Ecole des Mines de St-Etienne
188, Cours Fouriel
42023 St-Etienne Cedex 2, France

Monsieur Gilles **LECHAPT**
LCT Cemagref/ENGREF
500, rue J.F. Breton
34093 Montpellier Cedex 5, France

Monsieur Gilles **LECHAPT**
LCT Cemagref/ENGREF
Maison de la Télédétection
500, rue J.F. Breton
34093 Montpellier Cedex 1, France

Monsieur Yann **L'HOTE**
ORSTOM
911, Av Agropolis
B.P. 5045
34032 Montpellier Cedex 1, France

Monsieur Marc **LOINTIER**
ORSTOM
Maison de la télédétection
500, rue Jean François Breton
34093 Montpellier Cedex 5, France

Monsieur Danny **LO SEEN**
CIRAD
2477, Av. du Val de Montferrand
B.P. 5035
34032 Montpellier Cedex 1, France

Monsieur Jean Yves **LOYER**
ORSTOM
911, Av. Agropolis
B.P. 5045
34032 Montpellier Cedex 1, France

Monsieur Vincent **MARC**
Université Labo Hydrogéologie
33, rue Louis Pasteur
84000 Avignon, France

Monsieur Jean **MEYER ROUX**
JRS ISPRA
21020 Ispra
(VA) Italie

Monsieur Frédéric **MONIOD**
ORSTOM
911, Av Agropolis
B.P. 5045
34032 Montpellier Cedex 1, France

Monsieur Bruno **MONTENY**
ORSTOM
911, Av Agropolis
B.P. 5045
34032 Montpellier Cedex 1, France

Monsieur Roger **MOUSSA**
ENSAM
2, Place Viala
34060 Montpellier Cedex 1, France

Monsieur Bernard **NAERT**
Maison de la Télédétection
500, rue J.F. Breton
34093 Montpellier Cedex 5, France

Monsieur Hugo **NGUYEN**
CIRAD
2477, Av. du Val de Montferrand
B.P. 5035
34032 Montpellier Cedex 1, France

Monsieur A. **NONGUIERMA**
AGRHYMET
BP 11011
Niamey
Niger

MADAME Monique **OI**
ORSTOM
911, Av Agropolis
B.P. 5045
34032 Montpellier Cedex 1, France

Monsieur Abdou **OUSMAME**
DRE
Ministère de l'Hydraulique
B.P. 257
Niamey, Niger

Monsieur Oscar **PALACIOS-VELEZ**
MONTECILLO
Carretera libre Mexico-Texcoco, km 36.5
B.P. 56230
Montecillo, Mexico

Monsieur Eric **PATRICK**
Dep of Geography
University college London
26 Bedford Way
LONDON WC1H OAP, United Kingdom

Monsieur Christian **PUECH**
LCT Cemagref/ENGREF
500, rue J.F. Breton
34093 Montpellier Cedex 5, France

Monsieur Philippe **PUYOU LASCASSIES**
SCOT Conseil
4, Avenue de l'Europe
Parc du Canal
31526 Ramonville Cedex, France

Monsieur Michel Alain **ROCHE**
GIPHS ORSTOM
911, Av Agropolis
B.P. 5045
34032 Montpellier Cedex 1, France

Monsieur Nathalie **ROUCHE**
ORSTOM
911, Av Agropolis
B.P. 5045
34032 Montpellier Cedex 1, France

Monsieur Soussou **SAMBOU**
Univ. Cheikh Anta Diop
Hamovi 361/S
Dakar-Fann, Sénégal

Monsieur J.L **SAOS**
ORSTOM
911, Av Agropolis
B.P. 5045
34032 Montpellier Cedex 1, France

Monsieur Benoît **SEGALA**
GUTLAR
Maison de la télédétection
500 rue Jean François Breton
34093 Montpellier Cedex 5, France

Monsieur Luc **SIGHA**
IRGM
B.P.4110
Yaounde, Cameroun

Madame Janine **SOMMA**
Département de géographie
Université St Joseph.
Beyrouth, Liban
(adresse en France :
42 rue de Grenelle
75343 PARIS Cedex 07)

Monsieur Karim **TRAORE**
DRH/HB
BP 179 Bobo Dioulasso
Burkina Faso

Monsieur J. **TRAUTMANN**
CNRS CEREG
3, rue de l'Argonne
67083 Strasbourg Cedex, France

Monsieur Denis **TROUFLEAU**
LCT Cemagref/ENGREF
500, rue J.F. Breton
34093 Montpellier Cedex 5, France

Damien **URVOIX**
USTL
Place Eugène Bataillon
34095 Montpellier Cedex 5, France

Monsieur Pascal **VINE**
LCT Cemagref/ENGREF
500, rue J.F. Breton
34093 Montpellier Cedex 5, France

Monsieur Marc **VOLTZ**
ENSAM
2, Place Viala
34060 Montpellier Cedex, France

Monsieur Michel **WURTZ**
ENGEES
1, Quai Koch
B.P. 1039
F 67070 Strasbourg Cedex, France

En outre, une trentaine de chercheurs des laboratoires de l'ORSTOM, du LCT et du CIRAD de Montpellier ont également participé à certaines des sessions de l'atelier.

Furthermore, about 30 researchers from ORSTOM, LCT and CIRAD attended some of the sessions of the Workshop.

CAHIERS TECHNIQUES DE LA FAO

RAPPORTS SUR L'EAU

1 Prevention of water pollution by agriculture and related activities, 1993 (A S)
2 Irrigation water delivery models, 1994 (A)
3 Water harvesting for improved agricultural production, 1994 (A)
4 Use of remote sensing techniques in irrigation and drainage, 1995 (A)
5 Irrigation management transfer, 1995 (A)
6 Methodology for water policy review and reform, 1995 (A)
7 Irrigation in Africa in figures/L'irrigation en Afrique en chiffres, 1995 (E/F)
8 Irrigation scheduling: from theory to practice, 1996 (A)
9 Irrigation in the Near East Region in figures, 1997 (A)
10 Quality control of wastewater for irrigated crop production, 1997 (A)
11 Seawater intrusion in coastal aquifers – Guidelines for study, monitoring and control, 1997 (A)
12 Modernization of irrigation schemes: past experiences and future options, 1997 (A)
13 Management of agricultural drainage water quality, 1997 (A)
14 Irrigation technology transfer in support of food security, 1997 (A)
15 Irrigation in the countries of the former Soviet Union in figures, 1997 (A)
16 Télédétection et ressources en eau, 1997 (F/A)

Disponibilité: Décembre 1997

A – Anglais	Multil. –	Multilingue
Ar – Arabe	*	Epuisé
C – Chinois	**	En préparation
E – Espagnol		
F – Français		
P – Portugais		

On peut se procurer les Cahiers techniques de la FAO auprès des points de vente des publications de la FAO, ou en s'adressant directement à la Section distribution et ventes, FAO, Viale delle Terme di Caracalla, 00100 Rome, Italie.